「Python×AI」で誰でも最速でプログラミングを習得できる！

ChatGPT と学ぶ Python 入門

Hidemichi Kumasawa
熊澤秀道
タノメルキャリアスクール最高技術責任者／
生成AI講義講師

Anyone can learn
programming
in the fastest possible time
with "Python x AI!
beginner's book of
Python with ChatGPT

JN072849

SE
SHOEISHA

まえがき

　皆さんはChatGPT、人工知能（AI）を知っていますか？

　2022年の後半にOpenAIからChatGPTが発表された時は「数年後に革命が起きる」と期待に胸を膨らませたことを覚えています。

　しかし、その進化のスピードは想像を遥かに超え、2023年前半にはすでに、AIを無視して仕事を進めることは難しいと感じさせるほどの進化を遂げていました。

　今まで私はブロックチェーンやVTuberといったトレンド技術に関わってきましたが、それらとも状況は大きく異なります。

　これらは魅力的で革新的な存在でしたが、皆さんの仕事に今すぐ直接的に影響を与えるものではありませんでした。

　しかし、AIは違います。生活、娯楽、仕事と様々な場面ですぐにでも影響を与えることでしょう。

　多くの人はAI、特にChatGPTがすごいことは理解しているけど、どうすれば使いこなせるのかわからないというのが本音ではないでしょうか。

　ご安心ください。本書には、ChatGPTの使い方を学び、効率的にプログラミングを学ぶための活用方法が詰まっています。

　執筆時点でのChatGPTは大きく2つのモデル、GPT-3.5とGPT-4が存在します。GPT-3.5を小学生程度の知能だとすると、GPT-4は高校・大学生程度の知能があると言われるほど、性能に違いがあります。性能が良いのはGPT-4ですが、これを利用するにはChatGPT Plusという有料プランを契約する必要があります。

　本書ではChatGPTの有料プランChatGPT Plusを契約していない人でも、ChatGPTを用いたプログラミング学習を体験できるようにGPT-3.5（執筆時点最新）で動くプロンプトを用意しています。

しかし、性能の違いは利便性に大きく関わるため、ChatGPTを日常的に活用したい人に関しては、GPT-3.5を体験版とみなして、GPT-4の使用を推奨いたします。

　ChatGPTは簡単なプログラム（ソースコード）の提案から説明まで行うことが可能です。日本語のまま「タイマー機能を作りたい」「Pythonでテキストの感情分析をしたい」と指示するだけでPythonのプログラムを提案してもらうことができます。

　本書はそのChatGPTをフル活用した、Python・生成AI・ビジネスを学べる「タノメルキャリアスクール」で実際に使われているノウハウを詰め込んだ、初心者向けのプログラミング入門書です。

　また、スマートフォン（スマホ）でもプログラミングを動かして学べる仕組みを採用しているので、パソコンを持っていない人でも安心して学べます。

　もちろん実際のプログラミングはパソコンの利用が主流なので、基本的にはパソコンの利用を推奨しますが、最初は使い慣れたスマホで試してみるのも良いのではないでしょうか。

　なんか難しそうと感じる、パソコンも持っていない、環境構築やエラーで挫折した。そんな人にこそぜひ本書を手に取っていただきたいと思っています。

　例えば本に書いてある通りにPythonプログラムを入力したら、英語でエラーが表示されたとします。プログラミング未経験者の方は、何十行ものエラーが英語で表示されるだけでポキっと心が折れてしまうかもしれません。

　そんな時にはエラーを全てコピーしてChatGPTにペーストするだけです。「エラーが出ました。（エラー文を貼り付ける）」と入力するだけで、エラーを解析してどうしたら良いか指示をくれます。さらに、コピ

ペで使える正しい修正方法も教えてくれます。

　ChatGPTはあなたに寄り添い24時間いつでも相談を聞いてくれる専属の家庭教師です。本書を通して、ChatGPTという家庭教師を味方につけることでプログラミングはあなたにとって強力な武器になるはずです。

　いくつかの基本的な説明と演習を通して、ChatGPTを活用したプロンプトプログラミングとPythonに慣れていきましょう。

　第1章の「最速でPythonを習得するための基礎知識」ではPythonの基礎知識とChatGPTの基本的な使い方を紹介します。

　続く第2章では実際にプログラムを生成する演習が始まります。

　もし、第2章の「〔演習〕ChatGPTで作るPythonプログラミング」を読みながら「この構文や関数、演算子はどういう意味なんだろう」と思ったら、第3章の「Pythonプログラミングの基礎」にページを進めて基礎を学んでみてください。気になった瞬間こそ、最も学習効率の良いタイミングです。

　ChatGPTに聞いても理解できない、または挫折しそうと感じたら、すぐに巻末の「困った時に使えるプロンプト集」を確認してください。ChatGPTとのコミュニケーションに役立つプロンプトを用意しています。

　第4章の「〔演習〕ChatGPTで作るPythonプログラミング［応用編］」は、Pythonの魅力を感じられる演習です。

　第5章の「〔実践〕ChatGPTで作るPythonプログラミング」は、さらに発展的な内容の演習となります。

　ここでは、ChatGPTのAPIを使い、ツールとして機能するプログラムを作る方法を学びます。気になる方は、先に第5章を確認し、モチベーションを上げるのも良いでしょう。

　最後に第6章の「ChatGPT（AI）と生きるために」では改めてAIに向き合う姿勢や考え方を学びながら、AIが当たり前になる未来に備えま

しょう。

　このように、本書は必ずしも最初から順番に読まないといけない本ではありません。

　本書では、まずPythonプログラミングの基礎を理解し、簡単なプログラムを作成できるようになり、最終的には本書の助けがなくてもChatGPTを活用して、プログラミングの独学ができるようになることを目指しています。

　Pythonの全てを本書で学ぶことはできませんが、本書で学んだ内容を用いれば、より応用的なPythonの機能はもちろん、他のプログラミング言語も同じ要領で習得することができるでしょう。

　本書を読む前と読んだ後で、プログラミング学習に対する認識が大きく変わることを願っています。

　ぜひ、読了後には下記ハッシュタグをつけてSNS等にご感想をお寄せください。

【ハッシュタグ】

> #ChatGPTと学ぶPython入門

　また、巻末に「困った時に使えるプロンプト集」がまとめてあります。困った時はぜひ参考にしてみてください。

　なお、本書で利用するプロンプト、プログラム、データに関してはP241にあるURLよりダウンロードして利用してください。

　それでは、あなただけの「家庭教師」、ChatGPTと学ぶPythonプログラミングスクール、開講です。

目次

第3章
Python プログラミングの基礎 087

第4章

〔演習〕ChatGPT で作る
Python プログラミング［応用編］ 173

第5章

〔実践〕ChatGPT で作る
Python プログラミング 197

第6章
ChatGPT（AI）と生きるために

困った時に使えるプロンプト集

ChatGPT を使う準備

　ChatGPT を使うにはサービスを提供している OpenAI のサイトで会員登録を行う必要があります。

1. https://openai.com/ にアクセスします。

2. 右上の「Sign up」からアカウントを作成してください。
すでにアカウントがある場合は「Log in」を押してください。

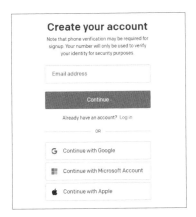

3. ログインできると利用サービスの選択画面に移動します。
「ChatGPT」を選択してください。

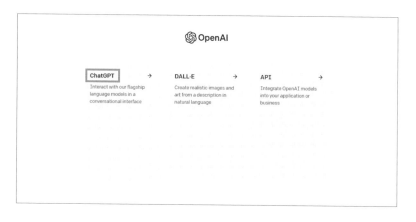

4. これでChatGPTを利用できるようになりました。

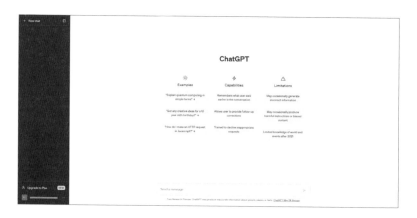

注意

ChatGPTは指示される度に、毎回指示の解釈と返答の生成を行います。
そのため、同じ指示（プロンプト）を使っても答えが常に同じであると
は限りません。本書での返答例はあくまで一例とみなしてください。

最速でPythonを
習得するための
基礎知識

1 Python とは何か？

◉ ChatGPT 演習 1-1

① ChatGPT に入力してみよう

ChatGPT に下記プロンプトを入力してみましょう。

> あなたはPythonの先生です。プログラミング初心者にもわかるように、Pythonについてわかりやすく教えてください。

Python は、「プログラミング言語」の1つです。そのシンプルさと汎用性は、初心者から上級者まで幅広い層に支持されています。

プログラミング言語とは、人間がコンピュータに指示を出すためのツールです。その中でも Python は学習しやすいプログラミング言語だと言われています。

その理由は、Python のシンプルさと直感性にあります。

Python のプログラムは文法が人間に理解しやすいように整理されており、英語に近い形で記述されます。

これにより、「このプログラムは何をしているのだろう？」という疑問を持った時にも、自分自身で理解しやすいのが特徴です。

次のページのプログラムは果物のリストから「バナナ」を削除する例です。

1-1 演習プログラム

```
fruits = ['りんご', 'バナナ', 'ぶどう']
fruits.remove('バナナ')
print(fruits) # ['りんご', 'ぶどう']
```

　また、Pythonのシンプルさを体現する特徴の1つが「インデント」です。

　インデントとは、プログラムのブロックや階層を表すための空白やタブのことを指します。多くのプログラミング言語では、中括弧や波括弧と呼ばれる { } などの複雑な記号を使用してコードのブロックを示すのに対して、Pythonではインデントだけでコードのブロックを示します。

　次は関数を使うプログラムの例です。

1-1 演習プログラム2

```
def greet(name):
        print("Hello, " + name + "!")
```

　上記のコードでは、def キーワードで関数 greet を定義しています。
　関数内の処理内容である print("Hello, " + name + "!") は、Tab キーを使ってインデントされていることで、この行が greet 関数に属するものであることが明確にわかります。（関数については P142 参照）。

　このように、Pythonでは複雑な記号を用いることなく、シンプルかつ直感的にコードを記述することができます。
　また、タブの入力自体もキーボードの「Tab キー」を押すことで簡単に行うことができます。

さらに、Pythonの特筆すべき長所はその汎用性です。

　大規模なWebサイトの開発、例えばYouTubeやInstagram、さらには高度な数学的計算を必要とする研究機関やAI（人工知能）の領域など、多岐にわたる分野でPythonは活躍しています。今回ご紹介するChatGPTもその1つです。

　また、Pythonには「ライブラリ」が豊富にあります。

　ライブラリとは、他の人が作成した便利なプログラムの集まりで、これを用いると自分で一から全てを作る必要がなくなり、より効率的にプログラムを作成することが可能です。

　これらのライブラリは数学的な計算を行うものや、グラフを描くもの、さらには機械学習に関するものなど、多種多様です。

　しかし、Pythonを学ぶ上で大切なのは、ただプログラムを書くことだけではありません。

　プログラミングは一種の問題解決のスキルでもあります。プログラミングを通じて、ある問題をどのように解決するか、どういった解決策が効率的なのかを考える訓練にもなります。

　これらの基礎的なプログラミング知識を深めることで、他のプログラミング言語も効果的に習得できるでしょう。

図1 ライブラリの例

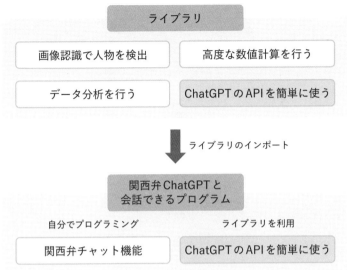

ライブラリの活用により、高度な処理を簡単に実現できる

　プログラミングの学習は、新しい言語を学ぶことと同じで、最初は難しく感じるかもしれません。

　しかし、焦らずに、一歩一歩進めていくことが大切です。

　そして何よりも、間違いを恐れずにChatGPTと共に試行錯誤を繰り返すことで、自分で考え、自分で作り上げる達成感を感じることができるでしょう。

2 Pythonは何ができるのか？

◉ ChatGPT演習1-2

① ChatGPTに入力してみよう

ChatGPTに下記プロンプトを入力してみましょう。

> あなたはPythonの先生です。プログラミング初心者にもわかるように、Pythonでできることをわかりやすく教えてください。

　Pythonは多機能で汎用性の高いプログラミング言語であり、様々な分野で活用されています。本節では、Pythonで実現できる主要な活用事例をいくつか紹介します。

② Pythonにできること

1. データ分析

　Pythonはデータ分析にも強力なツールを提供しています。NumPyやPandasといったライブラリを使えば、大規模なデータを効率的に処理し、分析できます。また、データの視覚化にはMatplotlibやSeabornが用いられ、データをわかりやすいグラフやチャートに変換できます。

2. 機械学習・人工知能

　機械学習や深層学習を実現するライブラリとして、Transformers、PyTorchなどが存在します。これらを利用すれば、画像認識、自然言語処理、音声認識など、AIを活用したアプリケーション開発が可能にな

ります。また、機械学習の基本的なアルゴリズムを提供するscikit-learnも人気があります。

3. 画像処理

Pythonは、画像処理にも使用できます。OpenCVやPillowなどのライブラリを使用することで、画像の読み込み、保存、編集、処理を行うことができます。

4. 音声処理

Pythonは、音声処理にも使用できます。PyAudioやSpeechRecognitionなどのライブラリを使用することで、音声の録音、再生、認識を行うことができます。

5. 自動化・スクレイピング

Pythonは、日常業務を効率化する自動化スクリプトの作成に適しています。Excelファイルの処理やメールの送受信、ファイルの整理など、様々なタスクをPythonで自動化できます。また、ウェブスクレイピングを行うBeautifulSoupやSeleniumを使えば、インターネット上の情報を収集・整理することも可能です。

6. Web開発

Pythonを利用して、WebアプリケーションやWebサイトを開発することができます。人気のフレームワークであるDjangoやFlask、FastAPIを使えば、効率的にWebアプリケーションを構築できます。これらのフレームワークは、データベースとの連携やユーザ認証、フォーム処理など、Web開発に必要な機能を提供していることが多く、Webサービスの開発を円滑に行うことができます。

7. IoT（インターネット・オブ・シングズ）

Pythonは、IoTデバイスでのプログラミングにも適しています。Raspberry PiやArduinoなどのマイクロコントローラにPythonを実行し、センサーやアクチュエータを制御することができます。これにより、スマートホームやロボティクス、ウェアラブルデバイスなどの開発が手軽に行えます。

これらの活用事例は、Pythonの多様性と柔軟性を示すものであり、これら以外にもPythonは無数の分野で利用されています。

本書では、これらの事例を参考にしながら、Pythonの基本から応用までを学び、実践的なスキルを身につけていくことを目指しています。

ChatGPTとの組み合わせによりできることが急激に増えていますので、ぜひ本書で学びながらあなたに合った活用法も考えてみてください。

③ Python は何でもできる？

プログラミング言語にはそれぞれ得意とする分野と不得意な分野があります。Pythonは多くの用途で広く使われていますが、パフォーマンスが重要なシステムや3Dゲーム開発などには一般的にあまり適していないと言われています。

例えば、Pythonで高度な3Dゲームを開発しようとした場合、パフォーマンスの制約から多くの困難に直面する可能性が高く、それが原因でゲームの面白さを削ることになるかもしれません。

このようにプログラミング言語の「不得意な分野」で無理に開発を進めることは、コストパフォーマンスを著しく下げる可能性があります。

　例として挙げた3Dゲーム開発の場合は、特定の用途に特化した言語やフレームワーク、ゲームエンジン（例：Unity、Unreal Engine）の利用を検討することが多いのではないでしょうか。

　他にもスマートフォンアプリの開発では、SwiftやKotlinを最初に検討することが一般的です。このような不得意分野では無理にPythonを使う必要はありません。

　このように特定のプログラミング言語にこだわるのではなく、適切な場面で適切なプログラミング言語やフレームワークを利用することが大切です。

　Pythonは多用途で強力な言語ですが、全ての問題を解決するわけではありません。最終的には、達成したい目的や提供したい価値に応じて適切な技術選定が求められます。

　過去に学んだことだけで解決しようとせず、やりたいことに応じて新しいことを調べ、学ぶことの重要性を忘れないようにしましょう。

3 ChatGPTは何ができるのか？

⊙ ChatGPT演習1-3

① ChatGPTに入力してみよう

ChatGPTに下記プロンプトを入力してみましょう。

> あなたはAIの先生です。初心者にもわかるように、LLMの1つである
> ChatGPTにできることをわかりやすく教えてください。

ChatGPTは大規模言語モデル（LLM）と呼ばれる膨大な量のテキストデータでトレーニングされた機械学習モデルの1つです。

そのため、日本語や英語などの自然言語と呼ばれる人間の使う言葉での質問やタスクの指示をすることができます。また、ChatGPTはOpenAI社のサービスですが、OpenAI社以外にもGoogleやMetaを始めとする多くの企業が大規模言語モデル（LLM）を提供しています。

人間のように会話ができるChatGPTの公開という衝撃的な出来事以来、ChatGPTなどの大規模言語モデル（LLM）は様々な分野での活用が期待されるようになりました。

本節では、ChatGPTで実現できる主要な活用事例をいくつか紹介します。

② ChatGPT にできること

1. 自動要約・翻訳

　AIは、テキストの自動要約や指定した表現への翻訳に活用されます。これにより、大量の文章を短時間で要約でき、文章の読みやすさや雰囲気の調整が容易になります。

2. 文書生成・校正

　文章の生成や校正にAIを使うこともできます。適切なプロンプトを指定することで適切な文章を生成したり、誤字脱字や文法の誤りを指摘・修正したりすることができます。

3. キャッチコピーやアイデア生成

　AIはクリエイティブな分野でもその能力を発揮します。例えば、キャッチコピーの生成や新しいアイデアの提示などに活用することができます。AIが膨大なデータセットから学習することで、条件に沿ったキャッチコピーを生成したり、既存のアイデアとは異なる新鮮なアイデアを提案することが可能です。

4. 占い・相談

　同じ人間に相談しにくいセンシティブな質問や、悩みもAIになら聞きやすいのではないでしょうか。入力のプロンプトを工夫することで、タロット占いから星占いまで、多様な占いをすることが可能です。

　また、回答の方向性や参考情報を事前に入力することで、相談者の求める方向性の回答を出力することもできます。

5. プログラム生成（プロンプトプログラミング）

　プログラミングの分野でも、自然言語での指示や途中まで書かれたプ

ログラムに対して適切なプログラムを生成できます。

これにより、コーディングの効率化や初心者の学習支援が実現されます。

本書でもChatGPTに対するインプットを適切に行うことにより、Pythonのプログラムを出力させる方法を学びます。

6. 教育・学習支援

AIを用いた教育支援ツールは、学習者が質問に対する回答を得たり、理解を深めるための説明を受けることができます。また、学習者の文章を評価し、フィードバックを提供することもでき、効果的な学習が可能になります。

このようにChatGPTなどの大規模言語モデル（LLM）は様々な領域で活用できます。

ただし、大規模言語モデルという名前が示すように主な得意分野は「言語」に関わる部分になります。

計算や検索など苦手な分野もありますので、ChatGPTの得意不得意を認識した上で、うまく活用していきましょう。

本書は、ChatGPTを用いて単語の意味を聞いたり、プログラムを提案してもらったり、常にChatGPTの利用を前提とします。ChatGPTを利用する場合はできるだけ新しい精度の良いものをおすすめしていますが、無料で利用できる範囲のChatGPTでも正しく動くプロンプトを記載しているので、好きな方をご利用ください。

③ ChatGPT が苦手なこと

　ChatGPTは高度な文章生成能力を有しており、かつては人間だけが行えた多くの文書分析や文章生成が可能です。しかし、この技術にも一定の限界が存在します。

　ChatGPTは文章の意味をある程度把握し、それに基づいて新しい文章を生成することができますが、この理解力は統計的なモデルに依存しています。そのため、人間のような深い思考力や理解力はありませんし、計算機能も基本的には備えていません。

　さらに、ChatGPTやその他のAI技術は、必ずしも100%正確な答えを出力するわけではありません。また、インターネットでの情報検索能力も欠けています。したがって、正確な答えや専門的な知識が必要な場合は、専門家や信頼性の高い情報源を参照することが重要です。

　プログラミング学習においても、特定の問題に対する最新の解決策や、特定のライブラリやフレームワークの最新情報については、提供できないという限界があります。このような情報は、公式ドキュメントや信頼性の高いウェブサイトで確認する必要があります。

　このように、ChatGPTやAI技術は非常に有用ですが、その能力と限界を理解した上で、適切な用途で活用することが重要です。

4 プロンプトエンジニア リングとは？

◎ ChatGPT演習1-4

① ChatGPTに入力してみよう

ChatGPTに下記プロンプトを入力してみましょう。

> あなたはAIの先生です。初心者にもわかるように、ChatGPTのプロンプトエンジニアリングについてわかりやすく教えてください。

② プロンプトエンジニアリングとは

プロンプトエンジニアリングは人工知能（AI）、特にChatGPTなどの大規模言語モデル（LLM）を活用する際に利用する手法の1つで、自然言語での入力（プロンプト）に対して、適切な応答やアクションを得るために入力（プロンプト）を工夫する行為のことです。

これにより、人間とAIのコミュニケーションが円滑になります。簡単に言うと、「ChatGPTが理解しやすいようにChatGPTへの入力文を工夫する」という考えになります。

図2 プロンプトエンジニアリングとは？

これを工夫するのがプロンプトエンジニアリング

AIへの指示（プロンプト）

 指示の内容に応じて
適切な回答である可能性の高い返答をする

プロンプトエンジニアリングという言葉には「エンジニアリング」という フレーズが入っているので、ChatGPTを活用してプログラムを提案してもらう開発手法のことをプロンプトエンジニアリングと呼ぶ、と勘違いをしてしまうかもしれません。

しかし、これは誤解です。プロンプトという言葉は、AIへの入力（プロンプト）を指します。エンジニアリングという言葉は「工学」とか「開発」という意味もありますが、この場合には「AI活用のテクニック」を指します。

③ ChatGPT 活用の極意はコミュニケーション

ChatGPTのプロンプトはどう入力するべきか、良いプロンプトを教えてほしい。そんな相談を受けることも少なくはありません。しかし、大切なのは人間とコンピュータの間の存在であるAIとコミュニケーションを取るかという点です。

chapter 1

4 プロンプトエンジニアリングとは？

図3 人間、AI、コンピュータの関係性

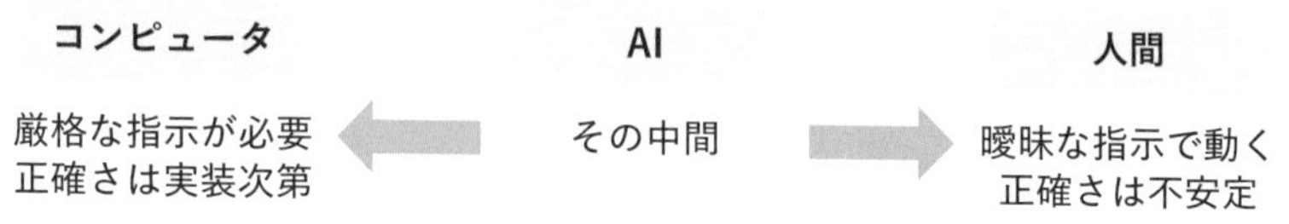

コンピュータ	AI	人間
厳格な指示が必要 正確さは実装次第 ←	その中間	→ 曖昧な指示で動く 正確さは不安定

　では、どのようにプロンプトを入力すれば、上手にChatGPTとコミュニケーションを取り、効果的な回答が得られるのか学んでいきましょう。

④ ChatGPT プロンプトのコツ

1. 明確で具体的な質問をする

　ChatGPTは、質問の内容に応じて回答を出力します。質問が明確で具体的であればあるほど、適切な回答が得られる確率が高まります。例えば、「Pythonでリストを逆順にする方法を教えてください」と質問すれば、具体的なプログラム例が返ってくるでしょう。

　人間も「あれやっておいて」と言われるより「議事録を書いてメールで共有してほしい」と具体的な指示のほうが動きやすいですよね。

1-4 演習プロンプト2

室内でできるストレス発散方法を3つ提案してください。

　「書く」「提案する」「分類する」「要約する」「翻訳する」など、実際に行ってほしいアクションを具体的に伝えることによって、最終的なアウトプットの精度も変わります。

2. 簡潔で短い文章にする

　質問が長くなると、ChatGPTがうまく理解できないことがあります。簡潔で短い文章にまとめて、構造を明確にした指示文を作成することで、ChatGPTが質問の意図を捉えやすくなります。

　これはChatGPTの理解能力の問題というよりも、人間が長文で指示しようとすると最初はうまく行うのが難しいので、慣れるまではこのやり方を推奨します。

1-4 演習プロンプト3_NG
【NG】

> Twitterでバズるような、会社に入社したばかりの20代前半の人向けに缶コーヒーを宣伝できるような良い感じのキャッチコピーを作って欲しい。

1-4 演習プロンプト3_OK
【OK】

> #指示
> あなたはキャッチコピーを考えるプロです。缶コーヒーを宣伝するキャッチコピーを5つ考えてください。
>
> #条件
> Twitterでバズりそうな、人に教えたくなる要素のある投稿
> ありきたりではない印象的で独創的なキャッチコピー
> 入社したばかりの新社会人と相性の良いテーマを選ぶ
> 缶コーヒーを飲みたくなることを目的にする

3. 必要な情報を与える

質問内に必要な情報が不足していると、ChatGPTは適切な回答を提供できないことがあります。例えば「こうもりはどっち？」と質問した場合、ChatGPTは何を聞かれているのか適切に理解できない可能性があります。

そのような場合、必要な情報をプロンプトに含めるという解決方法があります。いくつかの返答の具体例を先に示すことで、何をするべきかをChatGPTに認識してもらいましょう。

1-4 演習プロンプト4

```
#指示
入力文の生物の名称を鳥類と哺乳類で分類してください。

#出力例
からす：鳥類
あらいぐま：哺乳類
ももんが：哺乳類

#入力文
こうもり：
```

ChatGPTはその仕組みの特性上、提供された文章の続きを考えることが得意です。そのため、過去の文脈や流れがわかるような情報を提示することで、その回答が求めていたものになる可能性が高まります。

また、プロンプトの最後に下記を追加すると、不足した情報がある場合はChatGPTから質問をしてくれるので便利です。

1-4 演習プロンプト5

> また、このプロンプトを実行するのに必要な情報が不足している場合は、1つずつ質問してください

4. プロンプトの形式を工夫する

プロンプトの形式を工夫することで、より効果的な回答が得られることがあります。例えば、「Pythonでカウントダウンタイマーを作る方法は?」と質問するのではなく、下記のような形式で質問すると、手順ではなく具体的なプログラム例が得られる可能性が上がります。

1-4 演習プロンプト6

```
#指示
カウントダウンタイマーを作りたい

#プログラミング言語
Python

#条件
プログラミング例を出力する
```

5. プロンプトチェーンを活用する

ChatGPTの返答に対してさらに質問をすることで、段階的に回答を導き出す方法があります。これを「プロンプトチェーン(Prompt chaining)」と呼びます。

図4 プロンプトチェーンの例

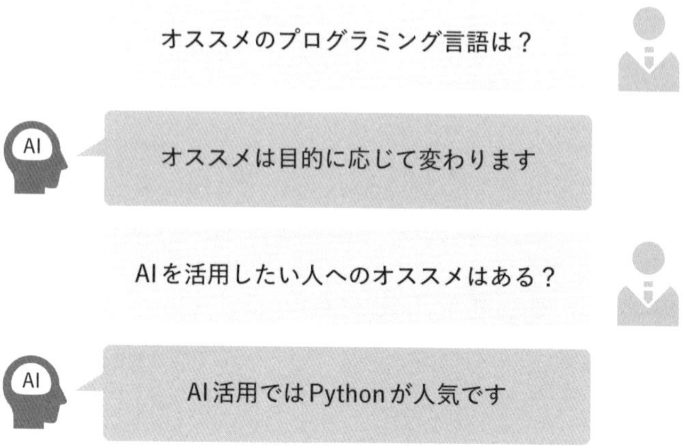

オススメのプログラミング言語は？

 オススメは目的に応じて変わります

AIを活用したい人へのオススメはある？

 AI活用ではPythonが人気です

　プロンプトチェーンを使うと、プロンプトエンジニアリングはプログラミングよりもコミュニケーションに近いことをより理解できると思います。

　下記はプロンプトチェーンを用いてキャッチコピーのアイデアを考える際のサンプルです。

1-4 演習プロンプト7

> あなたはキャッチコピーを作る専門家です。若者向けのSNSアプリを開発しています。独創的で直感的に理解できるキャッチコピーを提案してください。

【実際に試した例】

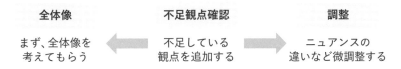

KU　あなたはキャッチコピーを作る専門家です。若者向けのSNSアプリを開発しています。独創的で直感的に理
　　　解できるキャッチコピーを提案してください。

🤖　「未来を共有せよ。SNSが進化する瞬間。」

KU　なんか惜しいです。「SNSが進化する瞬間」の部分を変えてください。
　　　共有したい未来は、若者の心が動く瞬間や輝いている瞬間であり、SNS進化の瞬間ではありません。

🤖　「心を響かせる瞬間、未来を共有せよ。」

KU　同じ感じで表現を変えてみてください！いい感じです！

🤖　「若者の心が躍る瞬間、未来が共鳴する。」

KU　若者って書いちゃうとおじさんっぽいのでやめてください。

🤖　「感動の瞬間、未来を共有せよ。」

↻ Regenerate response

Send a message

Free Research Preview. ChatGPT may produce inaccurate information about people, places, or facts. ChatGPT May 24 Version

　　プロンプトチェーンは、段階的に情報を得るために有効な手段です。
しかし、プロンプトチェーンを作成する際には、質問の順序や内容に注
意が必要です。

図5　正しいプロンプトチェーン

全体像　　　　　　**不足観点確認**　　　　　**調整**

まず、全体像を　◀━━　不足している　　━━▶　ニュアンスの
考えてもらう　　　　　観点を追加する　　　　違いなど微調整する

5 プロンプトプログラミングとは？

◎ ChatGPT 演習 1-5

① ChatGPT に入力してみよう

ChatGPTに下記プロンプトを入力してみましょう。

> あなたはAIとPythonの先生です。初心者にもわかるように、ChatGPT
> がPythonのプログラムを提案できるかどうかについてわかりやすく
> 教えてください。

　Pythonを身につけるためには、プログラミング未経験の初心者であれば通常半年ほどスクールや独学で勉強し、さらに2年程度の実務経験が必要だと言われています。

　しかし、もしChatGPTがPythonの学習をサポートしてくれるのであれば、半年+2年程度かかっていたPythonの学習が、1年程度でできるのではないでしょうか。

図6　プロンプトプログラミングとは？

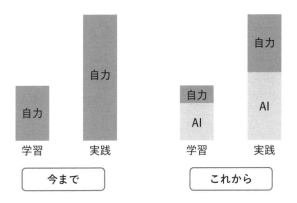

AIによる学習コストの効率化イメージ

本書では、実際にChatGPTが出力してくれるプログラムを活用して、Pythonを学習していきます。

　もちろん、最低限何が起きているのか、何を処理しているのかを理解する必要はありますので、Pythonプログラミング言語の基礎はしっかりと解説しますが、暗記は不要です。

　皆さんも一言一句を暗記することよりも、実際に手を動かしながらプロンプトプログラミングとPythonに慣れることを大切にしていただければと思います。

　そうして本書を学び終えた時、AIと一緒にプログラミングをする時代だと実感できるでしょう。

② プロンプトプログラミングとは

「ChatGPTへの入力文を、ChatGPTが理解しやすいように工夫する」
これが前節で説明したプロンプトエンジニアリングです。

本書ではプロンプトエンジニアリングを用いたプログラミングをプロンプトプログラミングと呼ぶことにしましょう。

図7　プロンプトプログラミングの流れ

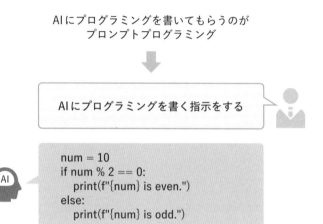

AIにプログラミングを書いてもらうのが
プロンプトプログラミング

AIにプログラミングを書く指示をする

```
num = 10
if num % 2 == 0:
    print(f"{num} is even.")
else:
    print(f"{num} is odd.")
```

プロンプトプログラミングは、すでにプログラミングができる人の作業効率の向上に大いに役立ちます。Github Copilotなどを使うことで、これから書こうとしているプログラムをAIが先回りして提案してくれたり、テストコードを自動生成してくれるなど、すでにAIを活用できる環境が整っています。

しかし、プログラミングができない初心者の方にも大きな利点があります。プログラミングを学ぶ中でわからないことや、もう少し説明してほしいと思う場面は何度もあると思います。

その時にChatGPTを使うことで不明点を何度でも説明してくれたり、

書きたいプログラムをAIが提案してくれたりするため、挫折しにくく、より効率的に学ぶことができます。

　プロンプトプログラミングは、プログラミングの初心者でもプログラミングを簡単に始められる手法です。AIの提案したプログラムを参考に、プログラミングの基本を学び、わからないことも根気よく教えてくれるあなただけのAI家庭教師を味方につけて、自分でプログラムを書く力をつけることができます。

③ ChatGPTにプログラムを提案してもらう方法

　ChatGPTにプログラムを提案してもらうには、まず具体的な質問や指示を与えることが重要です。
　例えば、Pythonで「Hello, World!」と表示させるプログラムを書く方法を尋ねることができます。

1-5 演習プロンプト2
【質問例】

```
PythonでHello, World!を表示するプログラムを教えてください
```

　すると、ChatGPTは以下のような回答をしてくれます。

1-5 演習プログラム

```
print("Hello, World!")
```

　このように、具体的な質問をすることで、ChatGPTは適切なプログラムを提供してくれます。

しかし、ChatGPTを用いたプロンプトプログラミングは、Webサービス全体のプログラムなど、大きなプロジェクトを一括で生成することには向いていません。

ChatGPTの性能を活すためにも、小さなプログラムや1つの処理を行うプログラムを提案してもらうと良いでしょう。

例えば、自分が書いたプログラムの改善点が知りたい場合や、書くべきものはわかっているけど打ち込むのが面倒くさいようなプログラムを提案してもらいたい時にはとても便利です。

④ ChatGPTを使ったプログラミング学習の進め方

ChatGPTを使ってプログラミングを学ぶには以下の手順がおすすめです。

図8　プログラミングを学ぶ手順

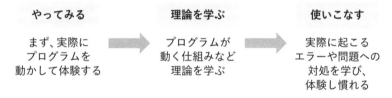

プログラミングを独学で習得する際に用いられる手順の1つですが、自己学習では挫折しやすいというデメリットがあります。しかし、心配は不要です。

本書の解説はもちろん、ChatGPTという強力なパートナーがあなたの学習をサポートします。それではChatGPT活用のプログラミング学習について簡単に説明します。

1. 実践的な課題に取り組む

　まずは、実際にプログラムを作成してみましょう。最初は基本的な構文や関数から学ぶべきだと思うかもしれません。

　しかし、実際にプログラムを動かすことでしかわからないこともあります。理論よりも先に、プログラミングが動く楽しさを学びましょう。

2. 基本的な構文や関数を学ぶ

　次に、Pythonの基本的な構文や関数を学びましょう。

　例えば、変数の使い方やif文、for文などの制御構文といった、プログラミングに不可欠な要素です。演習で使用した構文の意味を理解することで、ChatGPTで出力されたプログラムを読み解き、修正できるようになるでしょう。

3. エラーの対処方法を学ぶ

　プログラミングとエラーは切り離せない関係にあります。

　プログラミングはプログラムを作成することと、それに対して発生したエラーや不具合を解決することの大きく2つによって成立しています。

　本書を手にした皆さんは、エラーについてChatGPTに聞くことができるという大きなアドバンテージがあります。

　この恩恵がどれだけ大きなものか、実践していくうちに強く感じることでしょう。

第 **2** 章

〔演習〕ChatGPT で
作る Python プログラ
ミング〔基本編〕

6 演習の事前準備

① Google Colab

　この章では、実際にPythonプログラムを動かすことに重点を置いて進めていきます。理屈は第3章で学びますので、難しいことは考えずにChatGPTを駆使してPythonプログラムを生成して動かしてみましょう。

　繰り返しますが、この段階ではプログラムがどう動いているのか完全に理解する必要はありません。今はPythonとChatGPTによるプロンプトプログラミングに慣れることが目標です。

　もし、「ただ動かすだけじゃつまらないな」と思ったら、活用方法を想像してみたり、他に何ができるかプログラムを修正して試してみたり、ゼロから自分だけのプログラムを作ってみるのも良いでしょう。

　本章ではPythonプログラムを動かすことを重視しますが、ChatGPTに不明点を質問してはいけないわけではありません。気になったことがあればその場でChatGPTに聞いてみましょう。

　それでは、演習プログラムを動かす準備から始めていきましょう。

　Google Colaboratory（通称：Google Colab）は、Googleが提供するクラウド上のオンラインプログラミング環境です。Google Colabの利用により、初心者の多くが挫折すると言われる、自分のパソコン（ローカルマシン）での煩雑な「環境構築」の手間を省き、クラウド上の環境を利

用することで、プログラミング学習を即座に開始することができます。

「クラウド」とは、インターネットを介してアクセスすることができる遠隔のコンピュータ（サーバ）上のシステムやリソースを指します。つまり、「クラウド上の環境」とは、自分のパソコンではなく、インターネットを通じてアクセスするコンピュータ上で、アップロードされたデータやプログラムが動作している環境を指します。

このようなクラウドの特性を理解すると、Google Colabの動作原理が掴みやすくなります。

Google Colabには「セッション」という概念があります。これは、Google Colabのクラウド領域・リソースをユーザが一時的に利用できる状態を意味します。セッションが有効な間は、アップロードしたファイルはGoogle Colab上に保存され、Google Colab上からそのファイルにアクセスやコードの実行ができます。

ただし、連続12時間以上起動させている場合や、一定の時間操作が行われていないとセッションは自動で終了し、それによりアップロードしたファイルや実行状態はリセットされます。したがって、永続的にファイルを保存したい場合は、Google Driveなどの外部ストレージサービスと連携する必要があることに注意してください。

ここからは、Google Colab の使い方を簡単に説明します。

② Google アカウントの準備

Google Colab を使うには、まず Google アカウントが必要です。インターネットブラウザ（例：Google Chrome、Firefox、Safari）を開いて、Google アカウントでログインしてください。

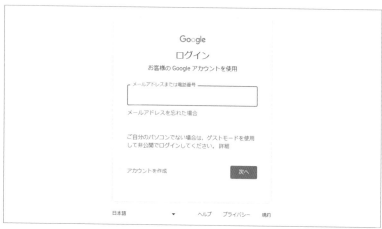

もし持っていなければ Google アカウントを作成しましょう。次のページの URL から Google にアクセスし、「ログイン」ボタンを探して選

択、さらにログイン画面に存在する「アカウントを作成」のリンクを選
択してアカウント作成を行ってください。

https://www.google.com/

③ Google Colab にアクセス

インターネットブラウザで「Google Colab」と検索しましょう。検索結
果の中から、「Google Colaboratory」というリンクを選択してください。

直接下記URLから開くこともできます。

https://colab.research.google.com/

④ 新しいノートブックの作成

Google Colab の画面が開いたら、「ファイル」メニューを選択して、
「ノートブックを新規作成」を選択しましょう。これで、Python プログ

ラムを書くための新しいノートブックが作成されます。

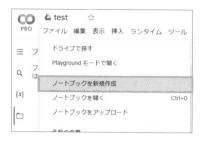

⑤セルの使い方

ノートブックには、「セル」と呼ばれる四角い枠があります。セルには2種類あり、プログラムを書くための「コードセル」と、説明文を書くための「テキストセル」があります。

1. コードセル

Pythonプログラムを書く場所です。

コードセルにカーソルを置いて、Pythonのプログラムを書いてみましょう。例えば、「print("Hello, World!")」と書いてみましょう。

プログラムを書いたら、「Shift + Enter」キーを押す（もしくは、コードセルの左上にあるセルの実行（run）ボタンを押す）と、プログラムが実行され、結果が表示されます。

「Shift + Enter」の操作をする時はShiftキーを押しながらEnterキーを押す必要があります。プログラミングを行う際によく出てくる操作な

ので、ぜひこの機会に覚えておきましょう。

2. テキストセル

　説明文やメモを書く場所です。テキストセルを選択すると、編集できます。テキストを書いたら、「Shift + Enter」キーを押すと、入力が完了します。

⑥ ノートブックの保存と共有

　作業が終わったら、ノートブックを保存しましょう。画面上部のメニューにある「ファイル」を選択して、「保存」を選択することで、ノートブックがGoogle ドライブに保存されます。

⑦ ノートブックへのPythonライブラリのインストール

Google Colabには、最初から多くのPythonライブラリがインストールされています。

しかし、必要なライブラリがない場合、簡単にインストールすることができます。コードセルに次のように入力して、「Shift + Enter」キーを押して実行しましょう。

```
!pip install ライブラリ名
```

例えば、NumPyというライブラリをインストールするには、次のように入力します。

`2-0` 演習プログラム

```
!pip install numpy
```

⑧ ファイルのアップロードとダウンロード

Google Colab では、自分のコンピュータからファイルをアップロードしたり、作成したファイルをダウンロードすることができます。

画面左側にあるファイルのアイコンを選択すると、ファイル管理画面が開きます。

アップロードするには、「アップロード」ボタンを選択して、ファイルを選択します。

ダウンロードするには、ファイル名を右クリック（スマホの場合は長押し）して、「ダウンロード」を選択します。

⑨ Google Colab内のファイルパス

　Google Colabを使用する際、特定のファイルにアクセスする必要がある場合があります。その際に必要となるのが「パス」という情報です。

　「パス」とは、ファイルが保存されている場所を示す一連の情報で、これによりGoogle Colabはどのファイルを操作すべきかを知ることができます。

　Google Colabでは「ノートブックを新規作成」をすると「/content」という場所（パス）に sample_dataフォルダ（ディレクトリ）が格納されます。例えば、test.txtという名前のファイルをsample_dataフォルダと同じ場所に作成するとします。パスとして「/content/test.txt」を指定することで、test.txtファイルを指定することができます。

2-0 演習プログラム2

```
path = '/content/test.txt'
```

Google Colabのファイル管理画面で目的のファイル名を右クリック（スマホの場合は長押し）し、「パスをコピー」を選択することで、そのファイルのパス情報を取得できます。

後は、コードセルなどでコピーしたパスを貼り付け（ペースト）するだけで、取得したパスを利用してファイルを操作できます。

この機能は、ファイルへのアクセスや読み込みを行う際に非常に便利なので、覚えておくと良いでしょう。

⑩ ノートブックの閲覧と編集

Googleドライブに保存されたノートブックは、いつでも開いて閲覧や編集ができます。

Googleドライブにアクセスして、ノートブックを選択し、クリックすることで、再びGoogle Colabで開くことができます。

これで、Google Colabを使ってPythonプログラミングを始める準備が整いました。

7 Google Colab の練習

① Google Colab 上でプログラムを動かす

Google Colab を利用する準備はできましたか？

これから行う演習のプログラムは全て Google Colab 上で動かします。まだ準備できていない人は第2章の最初に戻って準備を完了させてください。

もちろん Google Colab 以外に、Python を動かす開発環境をすでに用意している方はそれを使っても問題ありません。

それでは、早速 Google Colab 上でプログラムを動かしましょう。

今回動かすプログラムは「ブラックジャックで遊べるプログラム」です。画像や動画は設定していませんので、テキストを入力して操作するシンプルなゲームです。

このプログラムは ChatGPT の自動生成によって作られたもので、私自身はソースコードを一切書いていません。ChatGPT の登場以前では想像もできなかったことですが、今ではそれが驚くほど簡単にできるようになりました。

本書の後半では、このプログラムを ChatGPT に自動生成してもらう方法も演習として用意しています。しかし、今はまず、ChatGPT で生成されたプログラムを動かして遊んでみましょう。

ブラックジャックのルールが分からない方は、ChatGPT に聞いてからプレイしてみてください。

では、演習を始める前の練習を始めましょう。下記URLから「演習プ
ロンプト・プログラム」フォルダを選び、その中の「2-0演習プログラ
ム3」というファイルを開き、練習用プログラムをコピーしてGoogle
Colabでコードセルを追加し、コードセルに練習用プログラムを貼り付
けてみてください。

　貼り付けることができたら、「Shift + Enter」キーを押して（もしく
は、コードセルの左上にあるセルの実行(run)ボタンを押して）プログ
ラムを実行しましょう。

【練習用プログラムコード】

https://www.shoeisha.co.jp/book/present/9784798182230

2-0 演習プログラム3

【練習用プログラム】

```python
import random

def calculate_total(hand):
    total = 0
    has_ace = False
    for card in hand:
        if card == 'A':
            total += 11
            has_ace = True
        elif card in ['K', 'Q', 'J']:
            total += 10
        else:
            total += int(card)
```

```
    if total > 21 and has_ace:
        total -= 10

    return total

def play_game():
    total_points = 100
    bet = 0

    while total_points > 0:
        print("現在のポイント: ", total_points)
        bet = int(input("掛け金を設定してください: "))

        if bet > total_points:
            print("ポイントが足りません")
            continue

        player_hand = [random.choice(['A', '2', '3', '4',
'5', '6', '7', '8', '9', '10', 'K', 'Q', 'J']) for _ in
range(2)]
        dealer_hand = [random.choice(['A', '2', '3', '4',
'5', '6', '7', '8', '9', '10', 'K', 'Q', 'J']) for _ in
range(2)]

        print("プレイヤーの手札: ", player_hand)
        print("ディーラーの手札: ", dealer_hand[0])
```

```
        game_over = False
        while not game_over:
            action = input("ヒット(1) or スタンド(2)を選んで
ください: ")

            if action == '1':
                player_hand.append(random.choice(['A', '2',
'3', '4', '5', '6', '7', '8', '9', '10', 'K', 'Q', 'J']))
                print("プレイヤーの手札: ", player_hand)

                player_total = calculate_total(player_hand)
                if player_total > 21:
                    print("プレイヤーがバストしました")
                    total_points -= bet
                    game_over = True
            elif action == '2':
                player_total = calculate_total(player_hand)
                dealer_total = calculate_total(dealer_hand)

                print("ディーラーの手札: ", dealer_hand)
                while dealer_total < 17:
                    dealer_hand.append(random.choice(['A',
'2', '3', '4', '5', '6', '7', '8', '9', '10', 'K', 'Q',
'J']))
                    dealer_total = calculate_total(dealer_
hand)
                print("ディーラーの手札: ", dealer_hand)
```

```python
            if dealer_total > 21:
                print("ディーラーがバストしました")
                total_points += bet
            elif dealer_total > player_total:
                print("ディーラーの勝ち")
                total_points -= bet
            elif dealer_total < player_total:
                print("プレイヤーの勝ち")
                total_points += bet
            else:
                print("引き分け")

            game_over = True
        else:
            print("無効な選択肢です")

    print("ゲーム終了")

play_game()
```

```
+ コード    + テキスト

✓   ●    現在のポイント：  100
34        掛け金を設定してください: 100
秒        プレイヤーの手札：  ['8', '6']
          ディーラーの手札：  Q
          ヒット(1) or スタンド(2)を選んでください: 1
          プレイヤーの手札：  ['8', '6', '5']
          ヒット(1) or スタンド(2)を選んでください: 2
          ディーラーの手札：  ['Q', '5']
          ディーラーの手札：  ['Q', '5', 'J']
          ディーラーがバストしました
          現在のポイント：  200
          掛け金を設定してください: 200
          プレイヤーの手札：  ['Q', '2']
          ディーラーの手札：  K
          ヒット(1) or スタンド(2)を選んでください: 1
          プレイヤーの手札：  ['Q', '2', '8']
          ヒット(1) or スタンド(2)を選んでください: 2
          ディーラーの手札：  ['K', 'K']
          ディーラーの手札：  ['K', 'K']
          引き分け
          現在のポイント：  200
          掛け金を設定してください: 200
          プレイヤーの手札：  ['2', 'Q']
          ディーラーの手札：  K
          ヒット(1) or スタンド(2)を選んでください: 1
          プレイヤーの手札：  ['2', 'Q', '9']
          ヒット(1) or スタンド(2)を選んでください: 2
          ディーラーの手札：  ['K', '2']
          ディーラーの手札：  ['K', '2', '2', '10']
          ディーラーがバストしました
          現在のポイント：  400
          掛け金を設定してください: 400
          プレイヤーの手札：  ['K', '10']
          ディーラーの手札：  Q
          ヒット(1) or スタンド(2)を選んでください: 2
          ディーラーの手札：  ['Q', 'A']
          ディーラーの手札：  ['Q', 'A']
          ディーラーの勝ち
          ゲーム終了
```

　ChatGPT が自動生成したブラックジャックのゲームは、皆さんの手
元で動いたでしょうか？

　本書の演習を通して学習し終わった頃には、こんなプログラムが皆さ
んも簡単に作れるようになっていることでしょう。

　それでは、ChatGPT を使ったプロンプトプログラミング、それと
Python に慣れるために、まずは基本的なプログラムを ChatGPT と一緒
に作成していきましょう。

8 BMI計算

◉ ChatGPT演習2-1

① 基本的な計算プログラム

この演習では、Pythonで最初に学ぶ基本的な計算を使ってみましょう。あなたの体重と身長からBMI（Body Mass Index：体格指数）を計算する簡単なプログラムを作ります。BMIは、体重と身長から肥満度を判断するための数値です。

この演習の目的は、Pythonで数の計算をする方法と、自分で入力した数をプログラムに使う方法の2つを試すことです。Pythonでは、足し算、引き算、かけ算、割り算などの計算ができます。そして、計算結果を出力することも簡単にできます。

② ChatGPTにプロンプトを入力

ChatGPTに下記プロンプトを入力してみましょう。

> あなたはPythonの専門家です。私はプログラミングの素人です。GoogleColaboratoryにコピペするだけで動くPythonプログラムとして、BMI計算プログラムを提案してください。

2-1 演習プログラム

【返答例】

```
height = float(input("身長をメートル単位で入力してください: "))
weight = float(input("体重をキログラム単位で入力してください: "))

bmi = weight / (height ** 2)
print("あなたのBMIは {:.2f} です。".format(bmi))
```

　もしプログラムが思った通りに動かなかったら、どうすれば良いのか考えてみましょう。

　もちろん一人で考える必要はありません。ChatGPTに再出力してもらったり、うまく動かないことを伝えてプログラムを修正したりすることができます。これはプログラミングでよくあることで、問題を解決するための新しい方法を考えて修正することを「デバッグ」と言います（ChatGPTを使ったデバッグ用プロンプトについてはP237を参照）。

　このように、ChatGPTをうまく活用してPythonプログラムを作りながら、プログラミングで大切なスキルも身につけていきましょう。

⑨ カウントダウン タイマー

◉ **ChatGPT 演習 2-2**

① 何度も繰り返すプログラム

この演習では、Pythonで「何度も同じことを繰り返す」プログラムを作ってみましょう。

具体的には、指定した時間が終わるまで、処理を続けるカウントダウンタイマーのプログラムを作ります。このタイマーは、時間が経つごとにメッセージを出し続け、指定した時間が来たら最後のメッセージを出して終わります。

この演習の目的は、Pythonで「何度も同じことを繰り返す」ためのforやwhileというツールを試すことです。これらのツールは、「何度も同じことを繰り返す」プログラムを作る時にとても重要な役割を果たします。

② ChatGPT にプロンプトを入力

ChatGPTに下記プロンプトを入力してみましょう。

> あなたはPythonの専門家です。私はプログラミングの素人です。GoogleColaboratoryにコピペするだけで動くPythonプログラムとして、カウントダウンタイマーのプログラムを提案してください。

2-2 演習プログラム

【返答例】

```python
import time

def countdown_timer(seconds):
    while seconds > 0:
        print(seconds)
        time.sleep(1)
        seconds -= 1
    print("Time's up!")

# カウントダウンする秒数を入力します
seconds = int(input("カウントダウンする秒数を入力してください: "))

countdown_timer(seconds)
```

　プログラムの中に「# カウントダウンする秒数を入力します」という文字列がありますが、これを「コメント」と言います。プログラムの処理に影響するものではなく、プログラムの補足や説明をするメモだと思ってください（コメントについてはP90参照）。

10 正規表現を用いた 文字抽出プログラム

◉ ChatGPT演習2-3

① 特定の文字を探し出すプログラム

　この演習では、Pythonでたくさんの文字の中から特定の文字を探し出すプログラムを作ってみましょう。

　具体的には、文章の中から特定のパターンに合った文字を見つけ出すプログラムを作ります。この演習の目的は、Pythonの正規表現という仕組みを使って、文章から情報を取り出す方法を試すことです。

　正規表現とは、特定のパターンに合った文字を探す時に使います。例えば、文章の中から電話番号やメールアドレスを探す時などに使います。

　ChatGPTにプログラムを作ってもらう時には、どのような結果が欲しいか、その動作はどうなっているべきかを具体的に説明することが大切です。特に、どのような形をした文字を探すべきか(例えば、電話番号やメールアドレスの形)は、はっきりと説明しましょう。

② ChatGPTにプロンプトを入力

　ChatGPTに下記プロンプトを入力してみましょう。

> あなたはPythonの専門家です。私はプログラミングの素人です。GoogleColaboratoryにコピペするだけで動くPythonプログラムとして、正規表現を用いて「」の中身のみ抽出するプログラムを提案してください。

2-3 演習プログラム

【返答例】

```
import re

# 正規表現パターンを定義します
pattern = r'「(.*?)」'

# 入力文字列を指定します
input_string = 'これは「抽出されるテキスト」です。他のテキス
トは無視されます。'

# 正規表現を使ってマッチングを行います
matches = re.findall(pattern, input_string)

# マッチした結果を表示します
for match in matches:
    print(match)
```

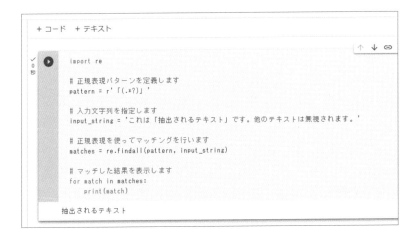

11 電卓プログラム

① 条件に応じて動作するプログラム

　この演習では、Pythonで「もしAならBを、もしCならDをする」というように、条件に応じて動作を変えるプログラムを作ってみましょう。

　この演習の目的は、Pythonの「if」、「elif」、「else」というツールを使って、条件に応じて動作を変えるプログラムを作る方法を試すことです。

　具体的には、ユーザが入力した記号（例えば「+」や「-」、「*」、「/」など）が条件となり、それによって、プログラムがどのような計算をするかを決めます。そして、ユーザが入力した数字でその計算をします。

② ChatGPT にプロンプトを入力

　ChatGPTに下記プロンプトを入力してみましょう。

> あなたはPythonの専門家です。私はプログラミングの素人です。GoogleColaboratoryにコピペするだけで動くPythonプログラムとして、簡単な電卓プログラムを提案してください。

2-4 演習プログラム
【返答例】

```
while True:
    try:
```

064 chapter 2 〔演習〕ChatGPTで作るPythonプログラミング［基本編］

```
        num1 = float(input("最初の数値を入力してください: "))
        num2 = float(input("次の数値を入力してください: "))
        break
    except ValueError:
        print("正しい数値を入力してください")


op = input("演算子を選択してください（+, -, *, /): ")
if op == '+':
    print(num1 + num2)
elif op == '-':
    print(num1 - num2)
elif op == '*':
    print(num1 * num2)
elif op == '/':
    if num2 == 0:
        print("0で割ることはできません")
    else:
        print(num1 / num2)
else:
    print("無効な演算子です")
```

```
while True:
    try:
        num1 = float(input("最初の数値を入力してください: "))
        num2 = float(input("次の数値を入力してください: "))
        break
    except ValueError:
        print("正しい数値を入力してください")

op = input("演算子を選択してください (+, -, *, /): ")
if op == '+':
    print(num1 + num2)
elif op == '-':
    print(num1 - num2)
elif op == '*':
    print(num1 * num2)
elif op == '/':
    if num2 == 0:
        print("0で割ることはできません")
    else:
        print(num1 / num2)
else:
    print("無効な演算子です")
```

```
最初の数値を入力してください: 10
次の数値を入力してください: 20
演算子を選択してください (+, -, *, /): +
30.0
```

ひとことメモ　少しだけ、自分の手でプログラムを動かしてみた感想はいかがでしょうか?

　すでに心が折れかけている人もいるかもしれません。そんな人は次に挑む小さな目標を明確にしてみてください。次のページに示す各学習スタイルごとのアクション例が、まさにそういった「小さい目標」です。それらを達成することで、次第に自信がつき、全体としての大きな成功につながっていきます。

　もちろん、最終的には内容を理解した上でPythonプログラムを扱うことが大切ですが、まずは小さな目標を設定し、それを達成する過程を楽しむことで、どんなに困難な状況でも前向きな気持ちでプログラミング学習を続けることができるようになります。継続は力です。

1. 得意な学び方がわからない人

とにかくコードを動かす：最初は何も考えずにコードをコピペして実行してみましょう。動作することに達成感を感じることも学習の一歩です。まずはわからなくても、諦めず1ページでも多く読み進めてみましょう。

2. 理論派

サンプルコードの構造を理解する：どの部分がループなのか、条件分岐はどこで行われているのかなど、コードの構造を理解しましょう。

関数や変数の役割を考える：この関数は何をしているのか、この変数は何を格納しているのかなど、ChatGPTに聞いたり検索することで理解を深めましょう。

3. 実践派

コードの一部を変更する：すでに動いているサンプルコードの数値や文字列を変更して、結果がどう変わるかを確認しましょう。

ChatGPTを用いて別パターンを出力する：すでに動いているサンプルコードと異なる方法で同じ動きをするプログラムを見比べてみましょう。

12 温度変換

⊙ ChatGPT演習2-5

① 条件に応じて動作するプログラム2

　この演習では、前項と同様、Pythonで条件に応じて動作を変えるプログラムを作ってみましょう。

　電卓プログラムより少し難易度を上げた、実践で利用しやすいプログラムになります。

　具体的には、ユーザが入力した指示（例えば「摂氏から華氏へ」や「華氏から摂氏へ」）を条件として、プログラムがどのような変換をするかを決めます。そして、ユーザが入力した温度でその変換をします。

　ChatGPTにプログラムを作ってもらう時には、どのような結果が欲しいか、その動作はどうなっているべきかを具体的に説明することが大切になります。

　特に、どの指示でどのような変換をするべきか（例えば、「摂氏から華氏へ」なら摂氏を華氏に変換、「華氏から摂氏へ」なら華氏を摂氏に変換）をはっきりと説明しましょう。

② ChatGPTにプロンプトを入力

　ChatGPTに下記プロンプトを入力してみましょう。

あなたはPythonの専門家です。私はプログラミングの素人です。GoogleColaboratoryにコピペするだけで動くPythonプログラムとして、温度変換プログラム（摂氏から華氏、華氏から摂氏どちらも可能）を提案してください。

2-5 演習プログラム

【返答例】

```python
# 摂氏から華氏への変換
def celsius_to_fahrenheit(celsius):
    fahrenheit = (celsius * 9/5) + 32
    return fahrenheit

# 華氏から摂氏への変換
def fahrenheit_to_celsius(fahrenheit):
    celsius = (fahrenheit - 32) * 5/9
    return celsius

# メインのプログラム
while True:
    print("1. 摂氏から華氏へ変換")
    print("2. 華氏から摂氏へ変換")
    print("3. 終了")
    choice = input("選択してください（1/2/3）: ")

    if choice == '1':
        celsius = float(input("摂氏温度を入力してください: "))
```

```
        fahrenheit = celsius_to_fahrenheit(celsius)
        print("華氏温度は", fahrenheit, "度です。¥n")
    elif choice == '2':
        fahrenheit = float(input("華氏温度を入力してくだ
さい: "))
        celsius = fahrenheit_to_celsius(fahrenheit)
        print("摂氏温度は", celsius, "度です。¥n")
    elif choice == '3':
        print("プログラムを終了します。")
        break
    else:
        print("正しい選択肢を入力してください。¥n")
```

+ コード　+ テキスト

```
# 摂氏から華氏への変換
def celsius_to_fahrenheit(celsius):
    fahrenheit = (celsius * 9/5) + 32
    return fahrenheit

# 華氏から摂氏への変換
def fahrenheit_to_celsius(fahrenheit):
    celsius = (fahrenheit - 32) * 5/9
    return celsius

# メインのプログラム
while True:
    print("1. 摂氏から華氏へ変換")
    print("2. 華氏から摂氏へ変換")
    print("3. 終了")
    choice = input("選択してください (1/2/3): ")

    if choice == '1':
        celsius = float(input("摂氏温度を入力してください: "))
        fahrenheit = celsius_to_fahrenheit(celsius)
        print("華氏温度は", fahrenheit, "度です。¥n")
    elif choice == '2':
        fahrenheit = float(input("華氏温度を入力してください: "))
        celsius = fahrenheit_to_celsius(fahrenheit)
        print("摂氏温度は", celsius, "度です。¥n")
    elif choice == '3':
        print("プログラムを終了します。")
        break
    else:
        print("正しい選択肢を入力してください。¥n")
```

```
☐→  1. 摂氏から華氏へ変換
    2. 華氏から摂氏へ変換
    3. 終了
    選択してください (1/2/3): 1
    摂氏温度を入力してください: 30
    華氏温度は 86.0 度です。

    1. 摂氏から華氏へ変換
    2. 華氏から摂氏へ変換
    3. 終了
    選択してください (1/2/3): 3
    プログラムを終了します。
```

13 素数判定

① 条件に応じて動作を変えるプログラム

　この演習では、Pythonで「何度も同じことを繰り返す」プログラムと、「もしAならBを、もしCならDをする」というように条件に応じて動作を変えるプログラムを組み合わせてみましょう。

　具体的には、ユーザが入力した数（任意の自然数）が素数（自分自身と1以外の自然数で割り切れない数）かどうかを調べるために、その数でいくつかの数を割ってみて、割り切れる数があるかどうかを調べます。

② ChatGPTにプロンプトを入力

ChatGPTに下記プロンプトを入力してみましょう。

> あなたはPythonの専門家です。私はプログラミングの素人です。GoogleColaboratoryにコピペするだけで動くPythonプログラムとして、素数判定プログラムを提案してください。

2-6 演習プログラム

【返答例】

```
num = int(input("数値を入力してください: "))


if num > 1:
    for i in range(2, num):
        if (num % i) == 0:
                print("{0} は素数ではありません。".
format(num))
            break
    else:
        print("{0} は素数です。".format(num))
else:
    print("{0} は素数ではありません。".format(num))
```

```
+ コード  + テキスト

num = int(input("数値を入力してください: "))

if num > 1:
    for i in range(2, num):
        if (num % i) == 0:
            print("{0} は素数ではありません。".format(num))
            break
    else:
        print("{0} は素数です。".format(num))
else:
    print("{0} は素数ではありません。".format(num))

数値を入力してください: 39
39 は素数ではありません。
```

14 パスワード生成

⦿ ChatGPT演習2-7

① モジュールを使う

　この演習では、Pythonの標準ライブラリに含まれる「モジュール」を使ってみましょう。モジュールは、Pythonの機能を拡張するためのツールで、特定のタスクを簡単にこなすことができます。Pythonにはたくさんのモジュールがあり、それぞれに特別な機能があります。今回はrandomモジュールを使って、ばらばらの文字を組み合わせて強力なパスワードを作成するプログラムを作ります（ライブラリとモジュールについてはP152参照）。

　この演習の目的は、randomモジュールを使って、ランダムな数字や文字を作る方法を試すことです。具体的には、大文字と小文字のアルファベット、数字、記号をランダムに組み合わせて文字列を作ります。それを新しいパスワードとして使うことで、強力で予想しにくいパスワードを作ることができます。

　ランダムな値は、テストデータの生成、シミュレーション、ゲーム、セキュリティ関連のタスクなど、様々な場面で利用されます。しかし、Pythonのrandomモジュールが作るランダムな数や文字は、ある種のルールに基づいています。そのため、予想しにくいランダムな数や文字が必要な場合、例えば物理シミュレーションや高度なセキュリティが必要な場面では、他の方法を使うことがあります。「ランダムな数や文字を作る方法」についてもっと詳しく知りたい方は、ぜひChatGPTに聞いてみてください。

② ChatGPT にプロンプトを入力

ChatGPT に下記プロンプトを入力してみましょう。

> あなたはPythonの専門家です。私はプログラミングの素人です。
> GoogleColaboratoryにコピペするだけで動くPythonプログラムと
> して、パスワード生成プログラムを提案してください。

2-7 演習プログラム

返答例

```python
import random
import string

def generate_password(length):
    letters = string.ascii_letters + string.digits + string.punctuation
    password = ''.join(random.choice(letters) for i in range(length))
    return password

length = int(input("パスワードの長さを入力してください: "))
password = generate_password(length)
print("生成されたパスワードは {0} です。".format(password))
```

```
import random
import string

def generate_password(length):
    letters = string.ascii_letters + string.digits + string.punctuation
    password = ''.join(random.choice(letters) for i in range(length))
    return password

length = int(input("パスワードの長さを入力してください: "))
password = generate_password(length)
print("生成されたパスワードは {0} です。".format(password))

パスワードの長さを入力してください: 8
生成されたパスワードは m||z}wE_ です。
```

※実際にパスワードとして利用する際は、セキュリティ上問題がないことを確認した上で自己責任でご利用ください。

> ひとことメモ
>
> パスワードは、オンライン上で機密情報を保護する最も基本的な手段の1つですが、その「強度」がしばしば問題となります。短いパスワードや一般的な単語を使用すると、攻撃者による総当たり攻撃（Brute-force attack）や辞書攻撃（Dictionary attack）に簡単に破られる可能性が高くなります。
>
> 強度の高いパスワードとは、長さ、複雑性、予測不可能性が備わっているものを指します。具体的には、16文字以上かつ、大文字、小文字、数字、記号を組み合わせ、かつ一般的な単語やフレーズを避けたものなどがあります。このようなパスワードは、一見面倒に思えるかもしれませんが、その効果は非常に大きいと言われています。
>
> また、強度の高いパスワードを設定したからといって、それを複数のサービスで使いまわすのは避けるべきです。1つのサービスでパスワードが漏洩した場合、使いまわしていた他のサービスも同時に危険に晒されます。

さらに、セキュリティ強化を目的に、定期的にパスワードの変更が推奨されるサービスもありますが、定期的にパスワードを変更する前に、強度の高いパスワードを適切に使うことを忘れないでください。強度が高いパスワードの管理には、信頼性のあるパスワードマネージャーを使用することも1つの方法です。これにより、強度の高いパスワードを効率的に管理し、それぞれのサービスで異なるパスワードを使用することが容易になります。

　人工知能（AI）技術も、パスワードの強度を評価したり、ユーザにより安全な選択を促したりする場面で役立っています。しかし、AIは攻撃者にも利用されており、より高度な攻撃手法で弱いパスワードを見つけ出す能力も持っています。このような背景から、強いパスワードの設定は、現代のセキュリティ環境では不可欠なものと言えるでしょう。

15 ファイル検索

📍 ChatGPT演習2-8

① osモジュールを使ってファイルを検索するプログラム

この演習では、Pythonのosモジュールを使って、自分のパソコンの中にあるファイルを検索します。このような基本的なパソコンの操作をPythonで行うことは、プログラミングの基本的なスキルの1つです。

具体的には、あなたが探したいフォルダの名前と、探したいファイルの名前を入力します。そしてその情報を元に、プログラムが指定したフォルダの中から、指定した名前のファイルを探します。

osモジュールは、Pythonでパソコンの操作を行うためのモジュールです。フォルダを探したり、ファイルを読み書きしたり、新しいフォルダを作ったりすることができます。

② ChatGPTにプロンプトを入力

ChatGPTに下記プロンプトを入力してみましょう。

> あなたはPythonの専門家です。私はプログラミングの素人です。
> GoogleColaboratoryにコピペするだけで動くPythonプログラムとして、ディレクトリ内のファイルをファイル名で検索するプログラムを提案してください。

```
#対象のディレクトリ（フォルダ）のPath
'/content'
```

2-8 演習プログラム

【返答例】

```
import os

def search_files(directory, keyword):
    results = []
    for root, dirs, files in os.walk(directory):
        for file in files:
            if keyword in file:
                results.append(os.path.join(root, file))
    return results

# ディレクトリのパスと検索キーワードを指定
directory_path = '/content'  # 検索対象のディレクトリのパス
を指定してください
search_keyword = '検索キーワード'  # ファイル名の一部として
含まれている検索キーワードを指定してください

# 検索実行
search_results = search_files(directory_path, search_
keyword)

# 検索結果の表示
```

```
if len(search_results) > 0:
    print("検索結果:")
    for result in search_results:
        print(result)
else:
    print("該当するファイルは見つかりませんでした。")
```

ひとことメモ

ChatGPTなどLLM（大規模言語モデル・large language model）を用いて、スライドの作成やデータ解析＆分析、グラフ作成や動画の編集などを行える機能が一時期話題になりました。ChatGPTの性能が向上し、できることがたくさん増えたように見えますが、事実は異なります。ChatGPTが手に入れたのは「Pythonプログラムを実行」する機能、たった1つです。

つまり、ChatGPTの新機能として話題になった数々の活用法は、全てChatGPTとPythonの合わせ技です。皆さんはPythonを習得することで、ChatGPTが行っていた様々な機能を自分でつくることができるようになります。

　もちろん、ChatGPTがPythonプログラムを作成できる事実を知り、プログラミングを学ぶ意味がなくなったように感じる人もいるでしょう。しかし、ChatGPTが生成するPythonプログラムは基本的なものであり、特別なニーズや要求に対応するためのカスタマイズや指示は人間が行う必要があります。その指示を行う際にプログラミングや生成AIの仕組みを知っていることが大きなアドバンテージとなることを忘れないでください。

　そのため、プログラミングの基礎知識やスキルは依然として価値があります。論理的思考力や問題解決能力といったスキルも、プログラミングを通して養えることを考えると、プログラミングを学ぶことはChatGPTや他のAIツールを使う上で必要なものであることがわかるのではないでしょうか。

　要するに、ChatGPTとPythonの組み合わせは、プログラミングが不要になるツールではなく、「より効率的に、より効果的に」プログラミングを行うための補助ツールです。これをうまく使いこなせるよう、Pythonプログラミングを引き続き学習していきましょう。

16 クイックソート アルゴリズム

◉ ChatGPT 演習2-9

① 順番を並べ替えるプログラム

　この演習では「ソート」、つまり順番を並べ替える方法を学びます。具体的には、たくさんの数字が入ったリストを小さい順に並べ替えるプログラムを作ります。その際に、効率的に並べ替えることができる方法として「クイックソート」という手法を使います。

　ソートは、たくさんの情報を整理するためによく使われます。例えば、成績表を点数の高い順に並べたり、名簿をアルファベット順に並べたりする時に使います。

　具体的には、最初にたくさんの数字が入ったリストを作ります。そして、そのリストを「クイックソート」の手法を使って、小さい順に並べ替えます。

　「クイックソート」は、分割統治法という考え方を用いた高速なソートアルゴリズムです。このアルゴリズムを使うと、一度にたくさんの数字を効率的に並べ替えることができます。

② ChatGPT にプロンプトを入力

　ChatGPT に下記プロンプトを入力してみましょう。

あなたはPythonの専門家です。私はプログラミングの素人です。
GoogleColaboratoryにコピペするだけで動くPythonプログラムと
して、クイックソートアルゴリズム実装を提案してください。

2-9 演習プログラム

【返答例】

```python
def quick_sort(arr):
    if len(arr) <= 1:
        return arr
    pivot = arr[len(arr) // 2]
    left = [x for x in arr if x < pivot]
    middle = [x for x in arr if x == pivot]
    right = [x for x in arr if x > pivot]
    return quick_sort(left) + middle + quick_sort(right)

my_list = [3,6,8,10,1,2,1,7,8,5,3]

sorted_list = quick_sort(my_list)
print("ソートされたリスト:", sorted_list)
```

```
+ コード  + テキスト

def quick_sort(arr):
    if len(arr) <= 1:
        return arr
    pivot = arr[len(arr) // 2]
    left = [x for x in arr if x < pivot]
    middle = [x for x in arr if x == pivot]
    right = [x for x in arr if x > pivot]
    return quick_sort(left) + middle + quick_sort(right)

my_list = [3,6,8,10,1,2,1,7,8,5,3]

sorted_list = quick_sort(my_list)
print("ソートされたリスト:", sorted_list)

ソートされたリスト: [1, 1, 2, 3, 3, 5, 6, 7, 8, 8, 10]
```

17 数当てゲーム

◉ ChatGPT演習 2-10

① コンピュータがランダムに数字を決めるプログラム

　この演習では、Pythonを使って、自分で遊べる「数当てゲーム」を作ってみます。このゲームは、コンピュータがランダムに数字を決めて、その数字を当てるというものです。数字を入力すると、その数が正解よりも大きいか小さいかヒントを出し、正解するまでこれを繰り返します。

　この演習の目的は、「何度も繰り返す」や「ある条件ならこうする」という、Pythonの基本的な考え方を使って、ユーザの入力に合わせて動きを変えるプログラムを作る練習をすることです。これは、ユーザと対話しながら動くプログラムを作る時に重要なスキルです。

② ChatGPT にプロンプトを入力

ChatGPT に下記プロンプトを入力してみましょう。

> あなたはPythonの専門家です。私はプログラミングの素人です。GoogleColaboratoryにコピペするだけで動くPythonプログラムとして、簡単な数当てゲームを提案してください。

2-10 演習プログラム

【返答例】

```python
import random

def guess_number():
    # 1から100までの整数をランダムに選ぶ
    correct_number = random.randint(1, 100)
    attempts = 0
    user_guess = None

    print("数当てゲームへようこそ！1から100までの数を当てて
ください。")

    while user_guess != correct_number:
        try:
            user_guess = int(input("あなたの予想した数を入
力してください: "))
        except ValueError:
            print("整数を入力してください。")
            continue

        attempts += 1

        if user_guess < correct_number:
            print("もっと大きい数です！")
        elif user_guess > correct_number:
            print("もっと小さい数です！")
```

```
    print(f"おめでとうございます！正解は{correct_number}で
した。{attempts}回目で正解しました。")


# ゲームを実行
guess_number()
```

+ コード　+ テキスト

```
import random

def guess_number():
    # 1から100までの整数をランダムに選ぶ
    correct_number = random.randint(1, 100)
    attempts = 0
    user_guess = None

    print("数当てゲームへようこそ！1から100までの数を当ててください。")

    while user_guess != correct_number:
        try:
            user_guess = int(input("あなたの予想した数を入力してください: "))
        except ValueError:
            print("整数を入力してください。")
            continue

        attempts += 1

        if user_guess < correct_number:
            print("もっと大きい数です！")
        elif user_guess > correct_number:
            print("もっと小さい数です！")

    print(f"おめでとうございます！正解は{correct_number}でした。{attempts}回目で正解しました。")

    # ゲームを実行
    guess_number()
```

```
数当てゲームへようこそ！1から100までの数を当ててください。
あなたの予想した数を入力してください: 50
もっと小さい数です！
あなたの予想した数を入力してください: 25
もっと小さい数です！
あなたの予想した数を入力してください: 15
もっと小さい数です！
あなたの予想した数を入力してください: 5
もっと大きい数です！
あなたの予想した数を入力してください: 8
もっと小さい数です！
あなたの予想した数を入力してください: 6
もっと大きい数です！
あなたの予想した数を入力してください: 7
おめでとうございます！正解は7でした。7回目で正解しました。
```

第 **3** 章

Python プログラミング
の基礎

第2章まではプログラミングとはどういうものなのかを理論からではなく、実際に自らの手を動かしてもらい、体感してもらうことを優先しました。

　ここからはいよいよPythonプログラミングの基礎について学んでいきます。

　第2章でChatGPTにフォローしてもらいながら演習プログラムをすでに動かした経験のある皆さんにとって、本章は、よくわからない理論の勉強ではなく、動かしたことのあるプログラムの仕組みを知り、より自由にプログラムを作成、修正するための手助けとなります。

　本書はプログラミング初学者の方に向け、できる限り丁寧に説明したつもりですが、多くの入門書や参考書がそうであるように、一度読んだだけで全てを完璧に理解するのはなかなか難しいと思います。

　でも、わからない箇所があっても心配しないでください。
　ここでもChatGPTを活用することができるのです。
　第2章で実際に使ってみたChatGPTは、単に皆さんにコードを提供するだけではなく、下記のようにプロンプトを使って質問することに

よって、本書に記載しきれなかった様々なサンプルプログラムを丁寧な
説明付きで生成してもらうこともできてしまうのです。

> あなたはPythonの先生です。プログラミング初心者にもわかるよう
> に、変数を理解できるサンプルプログラムを作成してください。

　そう、ChatGPTはあなたのコード作成を手助けしてくれるだけでは
なく、あなたの悩みを相談する相談相手にもなってくれます。
　わからないことは、どんどんChatGPTに質問する癖をつけるように
してみましょう。

　そして、もしそれでもわからない場合は、巻末の「困った時に使える
プロンプト集」を参考に様々な方向からChatGPTに質問してみると良
いでしょう。

　それでは、今まで動かしていたプログラムがどんな仕組みで動いてい
たのか、Pythonの基本を勉強していきましょう。

18 コメント

⊙ ChatGPT 演習 3-1

① ChatGPT に質問してみよう

ChatGPT に下記プロンプトを入力してみましょう。

> あなたはPythonの先生です。プログラミング初心者にもわかるように、コメントについてわかりやすく教えてください。

　コメントは、プログラムを読む他の人や、自分自身が後から見返した時に、何をしているのか理解するために重要な要素です。この後の説明でもコメントはたくさん出てくるので、ここで使い方を覚えましょう。

　優秀なプログラマでさえも、コメントを書かないせいで数日前に自分が書いたプログラムの意図が分からずに苦しむことがあります。未来の自分を助けるために、コメントを活用していきましょう。

図1　コメントの活用例

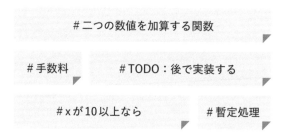

② Python でのコメントの書き方

Python では、「#」記号を使ってコメントを書きます。この記号は、行の好きな位置に置くことができ、その右側に書かれたテキストはPythonプログラムにとって無視される部分となります。見てみましょう。

3-1 演習プログラム

```
# これはコメントです
print("こんにちは、世界!")   # これもコメントです
```

上記の例では、"こんにちは、世界!"という文字列を出力するprint関数があります。しかし、その上の行や関数の後ろに書かれた「#」以降のテキストは、Pythonには無視されます。

Pythonにはコメントの記法がもう1つあります。それは複数行にわたるコメントを三つの引用符（"""または'''）で囲むことで書くことができます。

3-1 演習プログラム2

```
"""
これは複数行にわたるコメントです。
このコメントは何行にもわたって書くことができます。
"""
print("こんにちは、世界!")
```

この複数行にわたるコメントは、通常、関数やクラスなどの大きなブロックの説明に使います。これらはドキュメンテーション文字列（またはdocstring）とも呼ばれ、プログラムの説明を自動的に生成するツー

18 コメント

091

ルによっても利用されます。

③ コメントを書く時に意識すること

では、コメントを書く際に意識するべきことについて見てみましょう。

1. コメントは簡潔に

伝えたいことを一言で説明できれば最高です。コメントが長すぎると、それ自体が読みづらくなってしまうこともあります。

2. コメント不要で理解できるプログラムを書く

コメントはあくまで可読性を高めたり、補完したりする役割で利用します。コードを見るだけで理解できるように簡潔な実装を心がけましょう。

3. 古いコメントに注意

プログラムを更新した時は、関連するコメントも更新することが大切です。コメントが古くなり、コメントとプログラムで書いてあることが異なると、混乱を招く原因になります。

4. 「なぜ」その書き方をしているのか説明する

プログラムが何をしているのかは、そのプログラム自体から読み取ることができます。しかし、なぜその方法を選んだのかはプログラムからは読み取ることができません。そのような場合にはコメントが有用です。

5. プログラムの視覚的なブロック

コメントはプログラムのセクションを視覚的に区切るのにも使えます。例えば、以下のように特定の部分の開始を明示するのに使います。

3-1 演習プログラム3

```
# データの読み込み
... (プログラム)
# データの処理
... (プログラム)
# 結果の表示
... (プログラム)
```

19 変数

① ChatGPTに質問してみよう

ChatGPTに下記プロンプトを入力してみましょう。

> あなたはPythonの先生です。プログラミング初心者にもわかるように、変数についてわかりやすく教えてください。

変数とはプログラミングにおいて、何度も使う情報を入れておく、名前付きの箱のようなもののことを言います。

図2 変数のイメージ

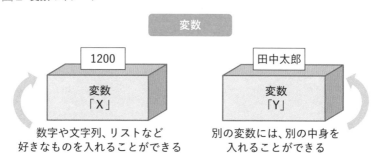

箱の中には何でも入れること（代入）ができ、必要な時に確認（参照・取得）できます。

この箱、つまり変数の中身はいつでも変更できます。ですから、中身が変わる可能性がある「変数」と呼ばれるわけです。

図3 代入・参照のイメージ

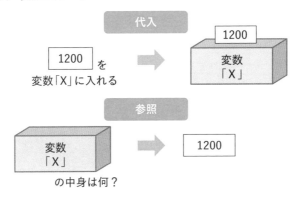

　例えば、ある数字をプログラム内で何度も使用するとします。その度に数字を直接書くのではなく、その数字を変数に代入しておけば、その後はその変数名を使ってその数字を利用することができます。

② 変数の基本

　Pythonの変数名はアルファベットの文字（大文字・小文字どちらも可）、数字、アンダースコア（_）を使用できますが、数字から始まる変数名は作ることはできません。

　また、Pythonの予約語（特別な意味を持つ単語、例えばfor、while、ifなど）は変数名として使用できません。

　Pythonでは変数へ値を代入するには等号（=）を使用します。これを「代入演算子」と言います。例えば以下のように使用します。

3-2 演習プログラム

```
a = 5
print(a) # 5
print("a") # a 変数aではなく文字aを表示
```

これは、変数aに値5を代入する、という意味になります。この操作を行うことで、変数aは値5を「覚えておく」ことができます。

その後、aという名前が出てきたら、それは「5」を意味します。

また、aではなく"a"と書くと文字列型の「a」として扱われるので注意が必要です（文字列型についてはP102参照）。

変数は数値だけでなく、文字列やリストといった値も持つことができます。例えば以下のような代入も可能です。

3-2 演習プログラム2

```
name = "田中"
food_list = ["寿司", "すき焼き", "天ぷら"]
```

この場合、変数nameは文字列"田中"を、food_listはリスト["寿司", "すき焼き", "天ぷら"]をそれぞれ記憶しています。

③ 変数の利点

プログラミングにおける変数の利点は、何度も同じ操作を行う際や、多くのデータを一括で処理する際に、そのデータを変数として扱うことで、手間を省いたり、プログラムを整理したりできます。

また、変数を使うことで、プログラムの動作を柔軟に変更することも容易になります。

例えば、ある計算式の中に直接数値を入力すると、その数値が変われば、その都度、全ての計算式を直接修正する必要があります。

しかし、数値を変数として設定しておけば、その変数の値を変更するだけで、全ての計算結果を一度に変えることができます。

以上が、Pythonにおける変数の基礎ですが、一言で言うと、「変数はプログラミングにおけるメモ帳のようなもの」と考えても良いでしょう。

何かを一時的に保存したり、何度も使用する値を覚えておいたりするために使います。

プログラミングを学ぶ上では、この変数という概念をしっかりと理解することが非常に重要です。

まずは、変数をどのように使うか、そして変数がどのように動作するのかを理解し、実際に変数を使ってみましょう。

④ 注意点

リストや辞書などの可変オブジェクト（Mutable objects）と呼ばれるデータ型を利用する際に、変数の代入の仕組みを正しく理解していないと意図しない不具合が発生する可能性があります。

文字列型、整数型などの不変オブジェクト（Immutable）はこの挙動が異なるため、混乱しやすい箇所になりますので、簡単に説明します（データ型についてはP100参照）。

変数に値を代入する時、オブジェクトの可変性・不変性に関わらず、値をコピーするのではなく、メモリ上のオブジェクトを指す"参照"を共有することを意味します。

つまり変数はメモリ上のデータが格納されている"場所情報"が記録されます。

可変オブジェクトが代入されている変数の一部を変更すると、同じ可変オブジェクトが代入されている他の変数も同様に変更されてしまいます。

このような場合は、copyモジュールの利用を検討してください。

　一方、不変オブジェクトに対して変更を試みる場合、実際にはそのオブジェクト自体は変更されません。

　代わりに新しいオブジェクトが生成されるので、変数に新しいオブジェクトを代入することになります。

　そのため、元のオブジェクトやそれを参照している他の変数は影響を受けません。

　下記がこの挙動を簡単に表現したサンプルコードです。

3-2 演習プログラム3

```python
# リストaを定義
a = [1, 2, 3]

# aの参照をbにコピー
b = a

print("初期状態")
print("a:", a)  # [1, 2, 3]
print("b:", b)  # [1, 2, 3]

# bの最初の要素を変更
b[0] = 10

print("¥n")
print("bの最初の要素を変更後")
print("a:", a)  # [10, 2, 3] <- aも変わってしまう
print("b:", b)  # [10, 2, 3]
```

```
# bに新しいリストを代入
b = [4, 5, 6]

print("¥n")
print("bに新しいリストを代入後")
print("a:", a)  # [10, 2, 3] <- aは変わらない
print("b:", b)  # [4, 5, 6]
```

┌─────────┐
│ ひとことメモ │　　　　変数と反対に、中身が変わらないものは「定
└─────────┘　　数」と呼ばれますが、Pythonでは言語仕様として
の「定数」は定義されていません。

　中身が変更できない「定数」を使いたい時は、変更しないように
変数名を変えておくか、定数利用をサポートするライブラリ
(Python3.8以降の標準ライブラリ「typingモジュール」のfinal修飾
子など)を用いることで、値を変更できない「定数」の機能を実現し
ます。

　定数として変数を利用する時は、変数名にアルファベットの大文
字のみ、もしくはアンダースコア(_)のみ使用します。
　また、変数同様Pythonの予約語(特別な意味を持つ単語、例えば
for、while、ifなど)は変数名として使用できません。ただし、モ
ジュールやメソッドの名前は変数名として上書きできてしまうた
め、十分注意が必要です。

　先述の通り、変数には数字だけではなく文字やリストも代入でき
ます。それなのに、変「数」と呼ばれるのは、数学の変数という概
念が由来であるためです。

20 データ型（基本）

ChatGPT演習3-3

① ChatGPTに質問してみよう

ChatGPTに下記プロンプトを入力してみましょう。

「あなたはPythonの先生です。プログラミング初心者にもわかるように、データ型についてわかりやすく教えてください。」

さて、Pythonには「データ型」という重要な概念があります。これは、「種類」と考えても良いでしょう。

例えば、乗り物を考えてみてください。自転車、電車、飛行機、これらは全て「乗り物」という種類に属しています。しかし、それぞれ用途や特徴も違いますよね。

これと同じように、Pythonのデータ型も、それぞれ違った特徴と使い方を持っています。

図4 データ型の特徴

データ型	具体例
整数型(int)	6
浮動小数点型(float)	3.1415926535
文字列型 (str)	'田中太郎'
ブール型 (bool)	True

② 整数型（int）

　整数型は数えられる数、つまり1, 2, 3といった数字を扱います。例え
ば、「3つのりんご」や「5人の友達」のように、数を数える時に使いま
す。次のようにPythonで書くことができます。

3-3 演習プログラム

```
my_age = 10
print(my_age)  # 10
print(type(my_age))  # <class 'int'>
```

　ここでは、変数my_ageに10という整数型のデータを入れています。
そして、その変数の中身とデータ型を表示しています。

③ 浮動小数点型（float）

　浮動小数点型は、小数点を含む数を扱います。例えば、3.14といっ
た円周率の値を表す時などに使います。次のようにPythonで書くこと
ができます。

3-3 演習プログラム2

```
my_height = 1.23
print(my_height)  # 1.23
print(type(my_height))  # <class 'float'>
```

　ここでは、変数my_heightに1.23という浮動小数点型のデータを入
れています。そして、その変数の中身とデータ型を表示しています。

④ 文字列型 (str)

文字列型は、名前の通り文字を扱います。例えば、「こんにちは」や「Pythonは楽しい！」などの言葉や文章を扱う時に使います。

文字列型のデータはダブルクォーテーション(" ")またはシングルクォーテーション(' ')で囲みます。次のようにPythonで書くことができます。

`3-3` 演習プログラム3

```python
my_name = "太郎"
print(my_name)  # 太郎
print(type(my_name))  # <class 'str'>
```

ここでは、変数my_nameに"太郎"という文字列型のデータを入れています。そして、その変数の中身とデータ型を表示しています。

⑤ ブール型 (bool)

ブール型は「真」または「偽」という2つの値のみを扱います。

例えば、ある変数を今日が晴れならば「真」、雨ならば「偽」と定義して、それによって処理を変えるといった時に便利です。ブール型のデータはTrue（真）またはFalse（偽）のいずれかです。次のようにPythonで書くことができます。

`3-3` 演習プログラム4

```python
is_sunny = True
print(is_sunny)  # True
print(type(is_sunny))  # <class 'bool'>
```

ここでは、変数is_sunnyにTrueというブール型のデータを入れています。そして、その変数の中身とデータ型を表示しています。

⑥ データ型の指定

　Pythonでは、変数に何を入れるかによって、その箱（変数）の大きさや形（データ型）が自動的に決定されます。例えば、「10」という数字を入れれば、Pythonはそれを整数型と認識します。そして、「"こんにちは"」という言葉を入れれば、それを文字列型と認識します。ですから、私たちは毎回箱の大きさや形を指定する必要はありません。

1. 異なるデータ型同士の計算

　しかし、違う種類の乗り物、例えば自転車と電車を連結させることはできませんよね。それと同じように、Pythonでも数字と文字列など違う種類のデータ型を一緒に計算することはできません。例えば、りんご1つを示す1（整数型）と「5」（文字列）を足し算すると、Pythonは対応できずエラーとなります。見た目は同じでも型が異なると一緒に計算をすることはできないということです。この問題を解決するためには、乗り物の種類を変えてみることができます。つまり、データ型を変えてみるわけです。

2. データ型の変換

　文字列型を整数型や浮動小数点型に変えるためには、int()やfloat()というメソッドを使います。例えば、「42」（文字列型）を42（整数型）に変えるには次のようにします。

`3-3` 演習プログラム5

```
num_str = "42"
num_int = int(num_str)
```

```
print(num_int)  # 42
```

これを活用してりんご1つを示す1（整数型）と「5」（文字列）の足し
算をしてみたいと思います。足し算なので、文字列である「5」を整数
型に変換してから計算をします。

`3-3` 演習プログラム6

```
apple_num = 1
num_str = "5"
num_int = int(num_str)
result_num = apple_num + num_int
print(result_num)  # 6
```

また、逆に整数型や浮動小数点型を文字列型に変えるためには、str()
というメソッドを使います。

`3-3` 演習プログラム7

```
age = 15
age_str = str(age)
print(age_str)  # 15
```

そして、「3.14」（文字列型）を3.14（浮動小数点型）に変えるには次の
ようにします。

`3-3` 演習プログラム8

```
num_str2 = "3.14"
num_float = float(num_str2)
print(num_float)  # 3.14
```

⑦ データ型の確認

変数にどのデータ型が入っているのか、確認したい時はtype()という
メソッドを使います。

3-3 演習プログラム9

```
age = 15
print(type(age))  # <class 'int'>
```

1. 文字列に変数を組み込む便利なf-string記法

型が異なるものを変換して扱う方法を紹介しましたが、数字を持つ変
数（整数型）を毎回文字列型に変換するのは大変ですよね。

そこで、簡単に文字列に変数を組み込む方法を紹介します。

3-3 演習プログラム10

```
num = 1
print(f'こんにちは、あなたは{num}人目のお客様です')
```

これがf-string記法と呼ばれる文字列の中に変数を組み込む記法です。
この方法であれば整数型である変数も文字列型に変換せずに文字列とし
て組み込むことができます。

> **ひとことメモ** 同じ数字同士の整数型（int）と浮動小数点型
> （float）の値を足すと、Pythonは自動的に整数型の
> 値を浮動小数点型に変換してから計算を行います。これは、浮動小
> 数点型の方が情報をより詳細に表現できるためです。これを暗黙的
> な型変換（または型の自動変換）と呼びます。

21 リスト

① ChatGPTに質問してみよう

ChatGPTに下記プロンプトを入力してみましょう。

> あなたはPythonの先生です。プログラミング初心者にもわかるように、リストについてわかりやすく教えてください。

Pythonのリストは、まさにお店の買い物リストのようなものです。

そこにはアイテム（要素）が順番に並んでいて、何番目に何があるかを見たり、アイテムを追加したり、削除したりすることができます。

図5 リストの例

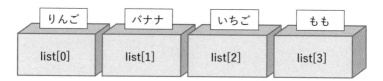

3-4 演習プログラム

```
fruits = ["りんご", "バナナ", "いちご", "もも"]
```

例えば、あなたが友達とピクニックに行くことになったとします。

必要なものをリストに書き出すことにしました。Pythonで表現する

と以下のようになります。

3-4 演習プログラム2

```
picnic_items = ["サンドイッチ", "ジュース", "クッキー", "フ
ルーツ"]
```

この例では、picnic_itemsという名前のリストを作り、その中に"サンドイッチ"、"ジュース"、"クッキー"、"フルーツ"という4つの要素を順番に入れました。このリストのアイテムには順番があるため、何番目に何があるかを知りたい時は、その番号を使って尋ねることができます。

② リストの要素にアクセスする

Pythonでは、リストの最初のアイテムは1番目ではなく0番目となります。これはプログラミングの世界のルールなので、戸惑うかもしれませんがぜひ覚えてください。

そのため、もしピクニックのアイテムのリストで最初のアイテム("サンドイッチ")にアクセスしたい場合は、以下のように書きます。

3-4 演習プログラム3

```
first_item = picnic_items[0]
print(first_item)  # サンドイッチ
```

その次のアイテムにアクセスしたい場合は、picnic_items[1]のようになります。これを使って、リストの中身を確認することができます。

また、リストの最後の要素にアクセスしたい場合は、picnic_items[-1]のように書きます。-1はリストの最後から1番目を示します。

③ リストの要素を変更する

リストの中にあるアイテムを変更したい場合はどうしたら良いでしょう？　それはとても簡単です。

例えば、"ジュース"を"水"に変えたい場合は、以下のように書くだけです。

3-4 演習プログラム4

```
picnic_items[1] = "水"
print(picnic_items)  # ["サンドイッチ", "水", "クッキー",
"フルーツ"]
```

④ リストに要素を追加する

さて、新しくアイテムをリストに追加したいと思ったらどうすれば良いでしょう？

その時は.append()という特別な機能（これをメソッドと呼びます）を使います。

例えば、"日焼け止め"をリストに追加するためには、以下のように書きます。

3-4 演習プログラム5

```
picnic_items.append("日焼け止め")
print(picnic_items)  # ["サンドイッチ", "水", "クッキー",
"フルーツ", "日焼け止め"]
```

これで、"日焼け止め"がリストの最後に追加されました。

⑤ リストから要素を削除する

ピクニックのリストからアイテムを削除するには、.remove()という
メソッドを使います。

例えば、"クッキー"をリストから削除するためには、以下のように
書きます。

3-4 演習プログラム6

```
picnic_items.remove("クッキー")
print(picnic_items)   # ["サンドイッチ", "水", "フルーツ",
"日焼け止め"]
```

これで、"クッキー"がリストからなくなりました。

22 タプル

◎ ChatGPT 演習 3-5

① ChatGPT に質問してみよう

ChatGPT に下記プロンプトを入力してみましょう。

> あなたはPythonの先生です。プログラミング初心者にもわかるように、タプルについてわかりやすく教えてください。

タプルとは Python で使うデータの集まりを表現するための方法の1つです。他にもリストや辞書など、データの集まりを表現する方法はいくつかありますが、その中の1つがタプルです。

図6 タプルの例

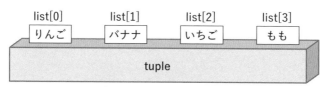

タプルの中身は変更できない

3-5 演習プログラム

```
fruits = ('りんご', 'バナナ', 'いちご', 'もも')
```

例えば、友達の名前を3つ思い浮かべてみましょう。例えば、「たろう」「はなこ」「じろう」です。これらの名前をタプルで表現すると以下の

ようになります。

3-5 演習プログラム2

```
friend_names = ('たろう', 'はなこ', 'じろう')
```

この例でfriend_namesという名前のタプルを作りました。そして、そのタプルには「たろう」「はなこ」「じろう」の3つの名前が含まれています。これがタプルの基本的な使い方です。

タプルは丸括弧()の中に、コンマ,で区切ってデータを書きます。そして、そのデータは何でもいいです。文字も入れられますし、数字も入れられます。例えば、以下のようなタプルも作れます。

3-5 演習プログラム3

```
my_tuple = (1, 2, 3, 4, 5)
```

このタプルmy_tupleには、1から5までの5つの数字が入っています。

② タプルの特徴

それでは、タプルの特徴について説明しましょう。タプルは「変更不可能」、つまり一度作った後で中身を変えることができないという特徴があります。タプルと異なり、リストは中身を変えることができます。これがタプルとリストの最も大きな違いです。

例えば、以下のようにリストを作ってみましょう。

3-5 演習プログラム4

```
friend_names_list = ['たろう', 'はなこ', 'じろう']
```

そして、リストの最初の要素を変えてみます。

演習プログラム5

```
friend_names_list[0] = 'ゆうき'
```

すると、リストの最初の名前が「ゆうき」に変わりました。

演習プログラム6

```
print(friend_names_list)
# 出力: ['ゆうき', 'はなこ', 'じろう']
```

しかし、タプルではこのようなことはできません。同じようにタプル
を作って、最初の要素を変えようとするとエラーが出ます。

演習プログラム7

```
friend_names_tuple = ('たろう', 'はなこ', 'じろう')
friend_names_tuple[0] = 'ゆうき'
# エラー: TypeError: 'tuple' object does not support item
assignment
```

このように、タプルは一度作るとその中身を変えることができません。
この特徴は、プログラムを書く時に重要なポイントになります。例え
ば、一度設定した値を変えてはいけない場合や、プログラムを通して値
が変わらないことを保証したい場合には、タプルを使うと良いです。

③ タプルの利用

それでは、タプルは具体的にどのように使うのでしょうか?

タプルは「変更不可能」なので、プログラムの中で一度設定したら変えられないデータを保持するのに適しています。

例えば、1年は12カ月あり、順番も変わりません。1月から12月までを表すために、タプルを使うことができます。以下のようになります。

3-5 演習プログラム8

```
months_in_year = ('January', 'February', 'March', 'April',
'May', 'June', 'July', 'August', 'September', 'October',
'November', 'December')
```

この months_in_year というタプルは、1月から12月までを表しています。タプルは1つの変数で、格納される順番、内容を変更させることなく、複数の値を保持することができるため、一度設定した値が変更されている可能性を考慮せずに利用することが可能です。

④ タプルの操作

最後に、タプルの操作方法について説明します。タプルは一度作ると中身を変えることはできませんが、それぞれの要素にはアクセスすることができます。

タプルの各要素にアクセスするには、リストと同じようにインデックスを使います。インデックスは0から始まります。つまり、タプルの最初の要素にアクセスするには0、その次の要素にアクセスするには1、というようにします。

例えば、次のページのようになります。

```
friend_names = ('たろう', 'はなこ', 'じろう')
print(friend_names[0])  # 出力: 'たろう'
print(friend_names[1])  # 出力: 'はなこ'
print(friend_names[2])  # 出力: 'じろう'
```

タプルの要素の数を知りたい場合は、len関数を使います。
例えば、以下のようになります

3-5 演習プログラム 10

```
friend_names = ('たろう', 'はなこ', 'じろう')
print(len(friend_names))  # 出力: 3
```

　この len(friend_names)は、friend_namesタプルの長さ、つまり要素の数を返します。この場合は3を返します。
　タプルを使うことで、Pythonのプログラムがより柔軟になります。また、一度設定した値を変えられないという特性は、バグを防ぐのにも役立ちます。

ひとことメモ　　タプルは、一度作成したらその要素を変更することができない「変更不可能」なデータ型です。
タプルの要素は固定されているため、要素を後から変えることはできません。

　タプルは多くの場合、変数に格納して利用します。変数に格納された値は、プログラムの実行中に変更することが可能です。
　したがって、変数自体は「変更可能」な性質を持っています。

図7 タプルの中身は変更不可

タプルの中身は変えられないが、
変数の中身は変更することができる

プログラムを用いた例も見てみましょう。

3-5 演習プログラム11

```
# タプルを定義して、変数に割り当てる
Tuple = (1, 2, 3)


# Tupleの中身を変更しようとするとエラーが発生する
try:
    tuple[0] = 4
except TypeError:
    print("タプルの中身は変更できません。")


# 変数に新しいタプルを割り当てることは可能
tuple = (4, 5, 6)
print("変数の新しい内容:", tuple)
```

　このようにタプルを格納している tuple という変数があるとします。タプルは「変更不可能なデータ型」ですが、tuple という変数には別のタプルや他のデータ型を割り当てることが可能です。

　そのため、tuple という変数の中身がどのタイミングでも (1,2,3) であると保証されているわけではないことには注意が必要です。

23 辞書

📍 ChatGPT演習 3-6

① ChatGPTに質問してみよう

ChatGPTに下記プロンプトを入力してみましょう。

> あなたはPythonの先生です。プログラミング初心者にもわかるように、辞書についてわかりやすく教えてください。

Pythonの辞書（dictionary）は、他の多くのプログラミング言語では連想配列やハッシュマップと呼ばれるものです。

その最も基本的な説明としては、「キー」と「値」のペアを保存する単語帳のようなものと言えます。

例えば、英語の単語帳を開くと、「apple（りんご）」や「banana（バナナ）」のような単語があるとします。それぞれの単語の裏にはその意味が書かれています。

これがまさにPythonの辞書の考え方と一緒です。Pythonの辞書では、「キー」が単語帳の単語に相当し、「値」がその単語の意味に相当します。

以下のようにPythonの辞書を作ることができます。

3-6 演習プログラム

```
my_dictionary = {
    'apple': 'りんご',
```

```
    'banana': 'バナナ',
    'strawberry': 'いちご',
    'peach': 'もも',
}
```

上記のプログラムでは、Pythonの辞書を作成しています。

appleというキーの値はりんごで、bananaというキーの値はバナナです。これで単語帳が完成しました。

図8 辞書（dictionary）の例

my_dictionary

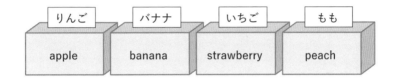

それでは実際に辞書の使い方を説明したいと思います。

例えば、あなたがフルーツの価格表を作ることになったとしましょう。それぞれのフルーツ（キー）とその価格（値）を結びつけるには、Pythonの辞書を使うと便利です。

3-6 演習プログラム2

```
fruit_prices = {"apple": 100, "banana": 80, "cherry": 300}
```

この例では、fruit_pricesという名前の辞書を作り、その中にapple、banana、cherryというキーとそれぞれの価格という値を入れました。

② 辞書のキーに対応する値にアクセスする

キーを使ってその値を取り出すことができます。例えば、appleの価格を取り出すには以下のように書きます。

`3-6` 演習プログラム3

```
apple_price = fruit_prices["apple"]
print(apple_price)  # 100
```

③ 辞書に新しいキーと値を追加する

新しいフルーツと価格を追加するには、新しいキーと値を指定します。

例えば、orangeというキーと200という値を追加するには以下のように書きます。

`3-6` 演習プログラム4

```
fruit_prices["orange"] = 200
print(fruit_prices)  # {"apple": 100, "banana": 80,
"cherry": 300, "orange": 200}
```

④ 辞書のキーと値を変更する

すでに存在するキーの値を変更するには、新しい値を指定します。

例えば、appleの価格を120に変更するには以下のように書きます。

3-6 演習プログラム5

```
fruit_prices["apple"] = 120
print(fruit_prices)   # {"apple": 120, "banana": 80,
"cherry": 300, "orange": 200}
```

⑤ 辞書からキーと値を削除する

辞書から特定のキーとその値を削除するには、del文を使います。
例えば、cherryを削除するには以下のように書きます。

3-6 演習プログラム6

```
del fruit_prices["cherry"]
print(fruit_prices)   # {"apple": 120, "banana": 80,
"orange": 200}
```

これで、cherryとその価格が辞書からなくなりました。

⑥ 辞書のキーが存在するか確認する

特定のキーが辞書に存在するかどうかを確認するには、inという演算
子を使います（if、条件分岐についてはP130参照）。

3-6 演習プログラム7

```
if "banana" in fruit_prices:
    print("bananaは存在します。")
else:
    print("bananaは存在しません。")
```

⑦ 辞書に存在する全ての要素を表示する

Pythonの辞書は、キーと値の組み合わせでできています。

辞書の中の全てのキーと値を見るためには、辞書をそのままprint関数に渡すか、itemsメソッドを使います。

itemsメソッドは辞書の全てのキーと値を一覧で見ることができます。以下のように書くことができます。

3-6 演習プログラム8

```python
# 辞書を作成
my_dict = {"apple": 1, "banana": 2, "cherry": 3}

# 全てのキーと値を表示
print(my_dict)  # {"apple": 1, "banana": 2, "cherry": 3}

# itemsメソッドを使って全てのキーと値を表示
print(my_dict.items())  # dict_items([("apple", 1),
("banana", 2), ("cherry", 3)])
```

これらがPythonの辞書の基本的な操作です。一見複雑に見えますが、慣れてくるととても便利なデータ型と感じることでしょう。

ひとことメモ　　Pythonの辞書は、Python3.7以降では項目が追加された順番を覚えています。これは、辞書が「順序付き」であることを意味します。

　例えば、最初にappleを追加し、次にbananaを追加し、最後にcherryを追加した場合、辞書はその順番を覚えています。

3-6 演習プログラム9

```python
# 辞書を作成
my_dict = {}

# 項目を追加
my_dict["apple"] = 1
my_dict["banana"] = 2
my_dict["cherry"] = 3

# 辞書を表示
print(my_dict)  # {"apple": 1, "banana": 2,
"cherry": 3}
```

　この機能は、項目の順序が重要な場合や、項目が追加された順序を記録したい場合などに便利です。

　ただし、辞書はリストとは違い、元々は順序を持たないデータ構造ですので、順序に依存するプログラムを書く際は注意が必要です。

24 演算子

◎ ChatGPT演習 3-7

① ChatGPT に質問してみよう

ChatGPT に下記プロンプトを入力してみましょう。

> あなたはPythonの先生です。プログラミング初心者にもわかるように、演算子についてわかりやすく教えてください。

演算子は、足し算や引き算など、日常的な計算や比較を Python で書く時に使うものです。

つまり、演算子は値を操作したり、値と値の間の関係を比較したりするために使う記号のことです。

演算子はたくさんありますが、全てを今暗記する必要はありません。

サンプルプログラムや ChatGPT の提案するプログラムに普段見慣れない演算子が出てきた時に驚かないように、基本的な演算子を見ていきましょう。

② 算術演算子 (Arithmetic Operators)

算術演算子は数学の計算を行うための演算子です。

3-7 演習プログラム

【例】

```
answer = 3 + 2
print(answer) # 5
```

図9 算術演算子

演算子概要	演算子	具体例	結果	解説
加算	+	3 + 2	5	二つの数値を加えます
減算	-	3 - 2	1	前の数値から後の数値を引きます
乗算	*	3 * 2	6	二つの数値を掛けます
除算	/	3 / 2	1.5	前の数値を後の数値で割ります
剰余	%	3 % 2	1	前の数値を後の数値で割った余りを示します
べき乗	**	3 ** 2	9	前の数値の後の数値乗を計算します。具体例の場合は「3の2乗」、つまり3 * 3となります
整数の除算	//	3 // 2	1	前の数値を後の数値で割った時の整数部分だけを示します。具体例の場合は「3 / 2 = 1.5」なので1になります

③ 比較演算子 (Comparison Operators)

　比較演算子は、2つの値を比較するために使います。比較の結果は真（True）または偽（False）となります。

3-7 演習プログラム2

【例】

```
print(3 == 2) # False
```

図10 比較演算子

演算子概要	演算子	具体例	結果	解説
等しい	==	3 == 2	False	左右の値が等しいかどうかを確認します
等しくない	!=	3 != 2	True	左右の値が等しくないかどうかを確認します
より大きい	>	3 > 2	True	左の値が右の数値より大きいかどうかを確認します
より小さい	<	3 < 2	False	左の値が右の数値より小さいかどうかを確認します
以上	>=	3 >= 2	True	左の値が右の数値以上かどうかを確認します
以下	<=	3 <= 2	False	左の値が右の数値以下かどうかを確認します
含まれる	in	5 in [4, 5]	True	左の要素が右のシーケンスに含まれていればTrueを返します。シーケンスとは「リスト」「文字列」などの順番を持つ、複数要素をまとめて扱う型の総称です。
含まれない	not in	6 not in [4, 5]	True	左の要素が右のシーケンスに含まれていなければTrueを返します
同じオブジェクト	is	x is y	-	2つの変数が同じオブジェクト（可変オブジェクトで同じメモリ上を参照している状態）を指しているかどうかを確認します
違うオブジェクト	is not	x is not y	-	2つの変数が異なるオブジェクトを指しているかどうかを確認します

④ 論理演算子 (Logical Operators)(ブール演算子)

論理演算子は、複数の条件を組み合わせるために使います。結果は真（True）または偽（False）となります。

3-7 演習プログラム3
【例】

```
x = 5
answer = x > 0 and x < 10
print(answer) # True
```

図11 論理演算子

演算子概要	演算子	具体例	結果	解説
両方が真であれば真	and	True and False	False	左右の真偽値が両方ともTrueであればTrueを返します
どちらかが真であれば真	or	True or False	True	左右の真偽値のどちらか一方でもTrueであればTrueを返します
真偽を反転させる	not	not True	False	真偽値を反転します。TrueならFalseを、FalseならTrueを返します

⑤代入演算子 (Assignment Operators)(累算代入演算子)

　代入演算子は、変数に値を割り当てるために使います。また、算術演算子と組み合わせて値を更新することもできます。

3-7 演習プログラム4
【例】

```
x = 5
x += 3
answer = x
print(answer) # 8
```

図12　代入演算子

演算子概要	演算子	具体例	結果	解説
代入	=	x = 5	x=5	xに5を代入します
加算後、代入	+=	x += 3	x=x+3	xにx+3の結果を代入します
減算後、代入	-=	x -= 2	x=x-2	xにx-2の結果を代入します
乗算後、代入	*=	x *= 3	x=x*3	xにx*3の結果を代入します
除算後、代入	/=	x /= 2	x=x/2	xにx/2の結果を代入します
剰余後、代入	%=	x %= 2	x=x%2	xにx%2（xを2で割った余り）の結果を代入します
べき乗後、代入	**=	x **= 2	x=x**2	xにx**2（xの2乗）の結果を代入します
整数の除算後、代入	//=	x //= 2	x=x//2	xにx//2（xを2で割った整数部分）の結果を代入します

⑥ビット演算子 (Bitwise Operators)

　ビット演算子は、整数をビット（0と1の数字）で表現した時に操作を行うための演算子です。

　ビット演算子は高度なプログラミングや特定の問題で使われます。

3-7　演習プログラム5

【例】

```
x = 5  # 101 in binary
y = 3  # 011 in binary
result = x & y
print(result) # 1  (001 in binary)
```

　本書では説明していないので興味のある人のみ調べてみてください。

　ここでは演算子のみを紹介します。

図13 ビット演算子

演算子	解説
&	ビットごとの AND
|	ビットごとの OR
^	ビットごとの XOR
~	ビットの反転
<<	左シフト
>>	右シフト

ひとことメモ　型は、Pythonで扱われる値の種類や特性を表すもので、その型によって振る舞いや取り扱い方が異なります。それにより直感と異なる挙動をすることがあります。

例えば、浮動小数点数は特性上、厳密な等価性（完全に同じであること）を保証できない場合があります。

その理由は、実数を無限に細かい精度で表現することはコンピュータのメモリ上で不可能であり、そのために近似的な表現（完全に正しくはないけど、大体合っている近い数字）を用いるからです。

例えば、以下のようなプログラムを考えてみてください。

3-7 演習プログラム6

```
x = 0.1 + 0.2 # 0.30000000000000004
print(x == 0.3)  # Falseと出力されます
```

このプログラムでは、0.1と0.2を足して0.3と等しいかを確認しています。

しかし、結果はFalseとなります。

これは、0.1と0.2の内部的な浮動小数点表現が完全に精確でないため、それらを足し合わせた結果が厳密に0.3にならないからです。

厳密な計算が必要な場合、Decimal型などを用いることで、より高精度な小数点数を扱うこともできます。

また、四捨五入や切り捨てなどルールを決めて誤差を許容する対応を行うこともあります。

他にも直感的でない例として、None型という特殊な型の扱いがあります。

None型は値そのものが存在しないことを示すため、他の値と比較する際には一般的な等号（==）ではなく、「is」という特殊な演算子を使用します。

このようにプログラミング特有のルールが存在するものがいくつもあります。

簡単なプログラムを書いている時は気付かなくても、さらに実践的なプログラミングをしていく場合、多くのプログラミング特有のルールにぶつかることがあるかもしれません。

そうした時も慌てずに、ChatGPTに聞いてみたり、Googleで検索してみたり、公式のドキュメントの確認などをしてみてください。

プログラミングをする人は全ての仕様を把握していると思われがちですが、そうではありません。

わからない部分を適切に調べることができる能力もプログラミングには重要なスキルです。

全てを暗記するのではなく、分からない箇所を調べて解決できる
ように心がけてみてください。
　これが脱プログラミング初心者の大きな一歩になります。

【Python公式ドキュメント】 https://docs.python.org/ja/3/

25 条件分岐

① ChatGPT に質問してみよう

ChatGPT に下記プロンプトを入力してみましょう。

> あなたはPythonの先生です。プログラミング初心者にもわかるように、条件分岐についてわかりやすく教えてください。

「条件分岐」とは、道路の分岐点のようなものです。どちらの道を進むかは、その時の条件によります。

図14 条件分岐の例

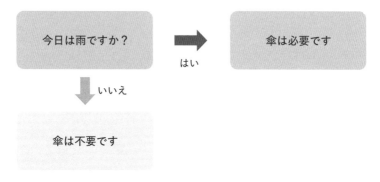

例えば、「もし雨が降っていたら傘を持って出かける。そうでなければ、傘は持たない」という判断をするように、プログラミングでも同じように、ある条件が満たされている時だけ特定の操作を行うように指示

することができます。

Pythonでは、「if」、「elif」、「else」というキーワードを使って条件分岐を作ります。

それぞれ、「もしも」、「それ以外で、もしも」、「それ以外なら」を意味しています。

② if文の基本的な構文

まずは、if文の基本的な構文を見てみましょう。

3-8 演習プログラム

```
if 条件式1:
    処理1
elif 条件式2:
    処理2
else:
    処理3
```

この構文では、まず「条件式1」をチェックします。

もし「条件式1」が真（True、条件を満たしている状態）であれば、「処理1」が実行されます。

もし「条件式1」が偽（False、条件を満たしていない状態）であれば、「条件式2」をチェックします。

もし「条件式2」が真であれば、「処理2」が実行されます。そして、どの条件式も偽であれば、「処理3」が実行されます。

elif（else ifの略）やelseは省略することが可能です。

その場合、条件式が真（True、条件を満たしている状態）の場合にだけ実行する処理を書くことができます。

具体的な例を見てみましょう。

以下のプログラムでは、変数scoreの値によって、成績を評価しています。

3-8 演習プログラム2

```python
score = 75

if score >= 90:
    print("優秀です！")
elif score >= 70:
    print("良い成績です！")
elif score >= 50:
    print("合格です")
else:
    print("残念、不合格です")
```

このプログラムでは、scoreが90以上の場合「優秀です！」、70以上の場合「良い成績です！」、50以上の場合「合格です」、それ以外の場合「残念、不合格です」と出力されます。

条件分岐は、何かを入力した時や計算の結果によって、何をするかを決める時にとても便利です。

例えば、所持金によって購入できる商品が変わる時や、点数によって評価を決める時など、様々な場面で使うことができます。

③ ネストされた条件分岐

そして、ifの中にさらにifを入れることもできます。これを「ネスト」
と言います。

次の例では、好きな食事のタイプ（meal_type）とアレルギーの有無
（allergy）によって、どの料理を提供するかを決めています。

3-8 演習プログラム3

```
meal_type = "和食"
allergy = "なし"

if meal_type == "和食":
    if allergy == "あり":
        print("あなたにはアレルギー対応の美味しい寿司をご提供
します！")
    elif allergy == "なし":
        print("あなたには様々な種類の天ぷらをご提供します！")
else:
    if allergy == "あり":
        print("あなたにはアレルギー対応のベジタリアンピザをご
提供します！")
    elif allergy == "なし":
        print("あなたには特製ビーフステーキをご提供します！")
```

このプログラムでは、まず好きな食事のタイプ（meal_type）が和食
かそれ以外かで条件分岐を行い、次にアレルギーの有無（allergy）があ
るかないかでさらに条件分岐を行っています。

これらの情報に基づいて、提供する料理が決まります。

このように、条件分岐を組み合わせることで、様々な状況に対応した料理を提供することができます。

プログラミングをしているとネストの中でさらにネストをしたいこともあるでしょう。

そうしてネストを繰り返される状況を「ネストが深い」と表現します。

ネストの中にさらにネストを作ることで複雑な条件を実現することができるようになりますが、プログラムが読みにくくなることもあるので、適度な深さと簡潔さを保つことが大切です。

3-8 演習プログラム4

```python
def choose_menu(budget, alcohol, cuisine_type):
    if budget >= 1000:
        if alcohol == "あり":
            if cuisine_type == "和食":
                return "刺身と日本酒"
            elif cuisine_type == "洋食":
                return "ステーキとワイン"
        else:
            if cuisine_type == "和食":
                return "天ぷらセット"
            elif cuisine_type == "洋食":
                return "ハンバーガーセット"
    else:
        return "カップラーメン"

result = choose_menu(1200, "あり", "和食")
print(result)
```

ひとことメモ　Pythonの条件分岐では、ifやelifの後ろの条件式が真（True）であるかどうかを判断します。

しかし、Pythonでは数値の0、空の文字列、空のリスト、Noneなども偽（False）として扱われます。

例えば、以下のプログラムでは、変数xが0でなければNon-zeroを、0であればZeroを表示します。

3-8 演習プログラム5

```python
x = 0
if x:
    print("Non-zero")
else:
    print("Zero")
```

26 ループ

ChatGPT演習3-9

① ChatGPTに質問してみよう

ChatGPTに下記プロンプトを入力してみましょう。

「あなたはPythonの先生です。プログラミング初心者にもわかるように、ループ処理についてわかりやすく教えてください。」

ループとは、繰り返し同じことをするためのプログラミングの手法です。

例えば、あなたが数を数える時、1から10まで数えるとしましょう。それをプログラミングで書くとすれば、ループを使ってとても簡単に書くことができます。他にも、全員に対して同じ処理を実行したい場合なども、ループを使うと簡単に書くことができます。

図15 ループ処理の例

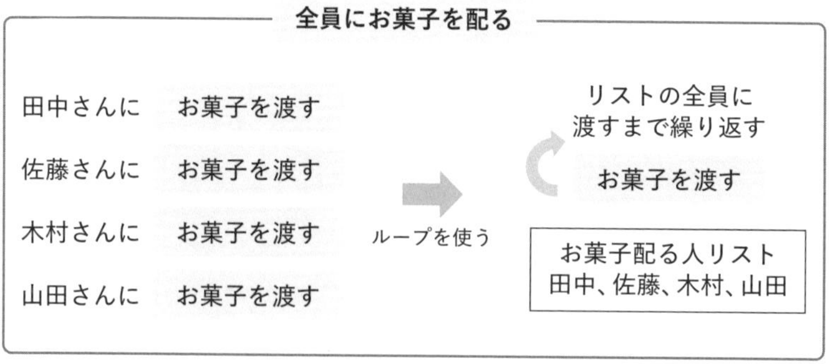

全員にお菓子を配る
田中さんに お菓子を渡す
佐藤さんに お菓子を渡す
木村さんに お菓子を渡す
山田さんに お菓子を渡す
ループを使う
リストの全員に
渡すまで繰り返す
お菓子を渡す
お菓子配る人リスト
田中、佐藤、木村、山田

Pythonには主に2種類のループがあります。「forループ」と「while
ループ」です。

② forループ

forループは、リストや文字列などの「イテラブル（反復可能な）オブ
ジェクト」を通じてループを作成します。
　例えば、1から10までの数を表示するプログラムを考えてみましょ
う。それをforループを使って書くと、次のようになります。

3-9 演習プログラム

```
for i in range(1, 11):
    print(i)
```

　このプログラムでは、range(1, 11)という関数（P142参照）が1から
10までの数字のリストを作成します。
　そして、forループはそのリストの各要素i（つまり、各数字）の数だ
け繰り返し、print関数を使って各要素iの数字を表示します。

③ whileループ

whileループは、条件が真（True）である限り、同じプログラムを何
度も実行します。
　前の例をwhileループで書いてみましょう。

3-9 演習プログラム2

```
i = 1
while i < 11:
```

```
print(i)
i = i + 1
```

このプログラムでは、まずiという変数に1を保存しています。次に、whileループが始まります。

このループは、「iが11より小さい間は、iを表示し、iに1を足す」という操作を繰り返します。

このループが終了すると、iは11になります。なぜなら、iが11になると、「iが11より小さい」という条件が偽 (False) になるからです。

④ Break文とContinue文

Pythonのループには、特定の条件下でループを早期に終了したり、次の反復にスキップしたりするための特殊なキーワードが用意されています。

それが「break」文と「continue」文です。

「break」文は、その名の通りループを「破る」ためのものです。もしプログラムがループの中で「break」文に到達したら、それ以上ループは続けず、すぐに終了します。

その後は、ループの後に書かれた次の処理に移ります。以下に例を示します。

3-9 演習プログラム3

```
for i in range(1, 11):
    if i == 5:
        break
    print(i)
```

このプログラムでは、1から10までの数字を順に表示しようとしていますが、「iが5になった時点でbreak文が実行され、ループがそこで終了します。ですので、出力結果は「1 2 3 4」だけになります。

　一方、「continue」文は、ループの中で特定の繰り返しをスキップするために使用されます。
　もしプログラムがループの中で「continue」文に到達したら、その時点での繰り返しはそこで終わり、次の繰り返しに移ります。
　以下に例を示します。

3-9 演習プログラム4

```
for i in range(1, 11):
    if i == 5:
        continue
    print(i)
```

　このプログラムでは、「iが5の時にcontinue文が実行されるため、その時のprint文はスキップされます。
　なので、出力結果は「1 2 3 4」に続いて「6 7 8 9 10」となります。つまり、「5」だけが出力されないようになります。

　これらの「break」文と「continue」文は、ループの制御をより細かく行いたい場合にとても便利なツールです。
　ただし、これらを使いすぎるとプログラムが複雑になり、読みにくくなることもあるので注意が必要です。

　forループとwhileループ、どちらもそれぞれ異なる場面で使われますが、どちらも重要で、よく使われます。forループは、「全ての要素に

何かをする」という場面でよく使われます。

　一方、whileループは、「ある条件が満たされるまで何かをする」という場面でよく使われます。

　ここで重要な点はループがプログラムを繰り返し実行するということです。だからこそ、何度も何度も同じことを繰り返す作業を自動化するのに便利です。それがループの本質的な役割です。

　しかし、ループを使用する際には注意が必要です。

　ループの条件を誤って設定するとループが永遠に終わらない「無限ループ」になってしまう可能性があります。
　そのため、ループの条件と終了条件を正しく設定することが重要です。Google Colabで無限ループが発生した場合は、焦らず「Ctrl+M+I」キーを押す（もしくは、コードセルの左上にあるセルの中断ボタンを押す）と、プログラムを中断させることができます。

`ひとことメモ`　　Pythonでは、一般的にはif文と組み合わせて使われるelse節を、ループ（forループやwhileループ）と組み合わせることもできます。

　これは他の言語には珍しい、Pythonの特徴的な機能です。

　ループとelse節を組み合わせた場合、else節はループが正常に終了した（つまり、ループが途中でbreak文によって終了されなかった）場合に実行されます。

この特性は、「リストの中に特定の要素が見つからなかった場合
に何かをする」といった状況で役立ちます。

3-9 演習プログラム5

```
numbers = [1, 3, 5, 7]
search_number = 9

for number in numbers:
    if number == search_number:
        print(f"{search_number}が見つかりました！")
        break
else:
    print(f"{search_number}は見つかりませんでした")
```

　このプログラムでは、リストnumbersの中にsearch_numberが
存在するかどうかを調べています。

　もし存在すれば「{search_number}が見つかりました！」と表示
し、ループはbreak文によって終了します。

　もし存在しなければループは正常に終了し、else節が実行されて
「{search_number}は見つかりませんでした」と表示されます。

　このように、ループとelse節を組み合わせることで、ループの結
果に応じた追加の処理を簡潔に書くことができます。

27 関数

◉ ChatGPT演習3-10

① ChatGPT に質問してみよう

ChatGPT に下記プロンプトを入力してみましょう。

> あなたはPythonの先生です。プログラミング初心者にもわかるように、関数についてわかりやすく教えてください。

　関数は、特定の仕事を行うためのプログラムの一部です。関数を使うと、同じ操作を何度も書く必要がなくなり、プログラムを整理整頓して読みやすくすることができます。

図16　関数の具体例

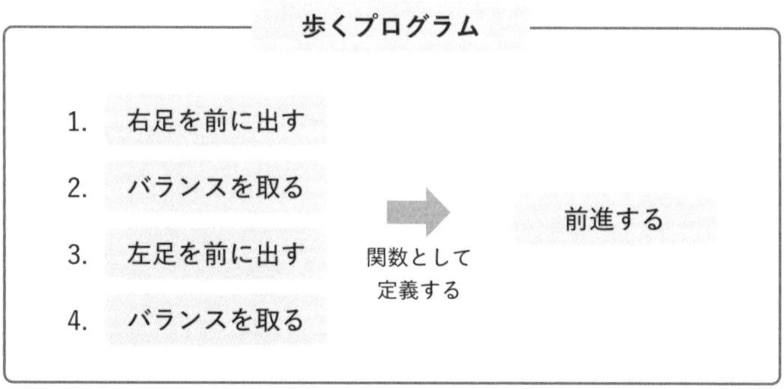

まずは、関数の基本的な構造を見ていきましょう。関数は、defキーワードで始め、関数名と呼ばれる名前を付けます。次に、括弧()の中に、関数が受け取る引数を書きます。そして、コロン:で終わり、次の行からインデント（字下げ）して、関数の処理を記述します。

　引数とは、関数に渡すことのできる値のことです。引数のおかげで、関数は処理を書くことに集中し、変動する可能性のある値は外部から引数として渡すというシンプルな構造を実現しています。

　実際のプログラムを見てみましょう。

`3-10` 演習プログラム

```
def test_message(message):
    print(f'テストメッセージ: {message}')
```

　関数はお料理のレシピに似ています。「パンケーキを作る」というレシピがあったとしましょう。
　このレシピは、材料（卵、ミルク、小麦粉など）を用意し、それらを混ぜて焼くという一連の手順です。それぞれの手順は特定の作業を表しています。

　関数も同様です。例えば、「当日券を購入する」というシステムがあったとします。このシステムは、入力（人数、枚数、チケットの種別）を受け取り、それらを元に当日券の購入（手順）を行います。
　そして、それらの計算結果（購入したチケット）を出力するという手順です。レシピと同じく、それぞれの手順は特定の作業を表しています。

②関数の作り方

3-10 演習プログラム2

```
def purchase_ticket(num_people, num_tickets, ticket_type):
    if check_availability(num_tickets, ticket_type):
        paid_amount = make_payment(num_people, num_tickets,
ticket_type)
            return  f"{num_people}人で{ticket_type}のチケットを
{num_tickets}枚購入しました。支払い金額は{paid_amount}円です。"
    else:
            return  f"申し訳ございません、{ticket_type}のチケットは
残り{num_tickets}枚以上ございません。"
```

　ここでは、purchase_ticketという名前の関数を定義しています。この関数は3つの入力（num_people、num_tickets、ticket_type）を受け取り、それらを元にチケットの購入を行います。

　この例では、「check_availability(num_tickets, ticket_type)」という部分があります。これは別の関数を示しています。つまり、関数は他の関数を呼び出すこともできます。

　そして最後に、「return」文があります。これは、関数の結果（つまり購入したチケットの情報）を返すことを意味します。

③ 関数の使い方

　関数を定義したら、次はその関数を使ってみましょう。関数を使う（または「呼び出す」）ためには、関数の名前と一緒に必要な入力を指定します。

3-10 演習プログラム3

```
ticket_info = purchase_ticket(3, 4, "一般")
print(ticket_info)
```

　この例では、3人で一般チケットを4枚購入します。「purchase_ticket(3, 4, "一般")」とすることで、「purchase_ticket」関数を呼び出し、その結果を「ticket_info」に保存します。そして、「print(ticket_info)」とすることで、購入したチケットの情報を表示します。

　関数はプログラムを整理し、同じコードを何度も書く手間を減らすのに役立ちます。また、関数は他の関数から呼び出すことができ、より大きな問題を解決するための小さな部品として使うことができます。

ひとことメモ 　関数には、デフォルト引数を設定することができます。これは、関数を呼び出す際に特定の引数が与えられなかった場合に使用される値です。

　例えば、次の関数greetは、引数nameが与えられなかった場合にはWorldをデフォルトの値として使用します。

3-10 演習プログラム4

```
def greet(name="World"):
    return f"Hello, {name}!"

print(greet()) # Hello, World!
print(greet('田中')) # Hello, 田中!
```

　このように関数に引数を渡さない場合はデフォルトの値を利用することができます。

---

28 例外処理

◉ ChatGPT演習3-11

① ChatGPT に質問してみよう

ChatGPT に下記プロンプトを入力してみましょう。

> あなたはPythonの先生です。プログラミング初心者にもわかるように、例外処理についてわかりやすく教えてください。

　自動車に乗る時にシートベルトをしたり、雨の日に傘を持っていったりと、何かが起こる前に対策をすることがありますよね？

　プログラミングでも、エラーが起こる可能性がある時に、あらかじめ対策をしておくことが大切です。この「対策」がまさに例外処理なのです。

図17　エラー対策の具体例

もし雨が降ったら「屋内に避難する」	もし気温が下がったら「上着を着る」
もし迷子になったら「迷子センターに連絡する」	もし体調が悪くなったら「1階の救護室に向かう」

プログラミングのエラーは様々な原因で起きます。例えば、プログラムが想定していない処理の実行や、想定していない値を入力した時や、存在しないファイルを開こうとした時などにエラーが起きます。

　でも、心配しないでください。エラーは、プログラムの修正に役立つ情報を提供する役割を担う我々の味方です。プログラムが正しく動かない時、エラーが出力されることで、何が問題なのかを理解し、どのように修正すれば良いかを判断できます。

　Pythonでは、エラーが発生した場合にそれを適切に処理するための方法として「例外処理」が提供されています。これは、エラーが起こり得るプログラムを特定のブロック内に置き、エラーが発生した場合には別のブロック内のプログラムが実行されるようにする仕組みです。

② try-except文

　Pythonでは例外処理を行うためにtry-except文が使われます。エラーが発生する可能性があるプログラムはtryブロック内に書かれ、エラーが発生した場合に実行されるプログラムはexceptブロック内に書かれます。

3-11 演習プログラム

```
try:
    result = 10 / 0 # エラーが起きる行
except ZeroDivisionError: # ここでエラーをキャッチする
    print("ゼロで割ることはできません！")
```

　上記のプログラムでは、10を0で割ろうとするとZeroDivisionErrorが発生しますが、exceptブロックでこのエラーをキャッチ（補足）することで適切なエラーメッセージを表示します。

③ エラーの種類を指定する

　except ブロックでは、キャッチするエラーの種類を指定することができます。これにより、特定の種類のエラーが発生した時だけ特定の処理を行うことができます。

3-11 演習プログラム 2

```python
try:
    result = int('文字列') # エラーが起きる行
except ValueError: # 例外処理
    print("数値に変換できない文字列が入力されました！")
```

　上記のプログラムでは、数値に変換できない文字列を int 関数に渡すと ValueError が発生しますが、except ブロックでこのエラーをキャッチして適切なエラーメッセージを表示します。

　except ブロックに指定した ValueError のことを「例外クラス」と言います。ValueError 以外にも下記のように様々な例外クラスが存在します。

1. ZeroDivisionError

0 で除算を試みた時に発生します。

3-11 演習プログラム 3

```python
try:
    # 0で除算しようとするとZeroDivisionErrorが発生します
    x = 10 / 0
except ZeroDivisionError:
    print("ゼロで割ることはできません！")
```

2. TypeError

不適切な型のオブジェクトが操作または関数に渡された時に発生します。

3-11 演習プログラム4

```
try:
    # 文字列と整数の加算はTypeErrorを引き起こします
    result = '2' + 2
except TypeError:
    print("文字列と数値は直接加算できません！")
```

3. NameError

このエラーは、ローカルまたはグローバルスコープで名前が見つからない場合に発生します。

3-11 演習プログラム5

```
try:
    # 未定義の変数を参照するとNameErrorが発生します
    print(unknown_variable)
except NameError:
    print("この変数は定義されていません！")
```

④ finally文

try-except文の中には、finallyというブロックも存在します。finallyブロック内に書かれたプログラムは、エラーが発生したかどうかに関わらず必ず実行されます。

chapter 3

28 例外処理

3-11 演習プログラム6

```
try:
    result = int('文字列') # エラーが起きる行
except ValueError: # 例外処理
    print("数値に変換できない文字列が入力されました！")
finally:
    print("このメッセージはエラーが発生したかどうかにかかわら
ず表示されます")
```

　このプログラムでは、tryブロックでエラーが起きる可能性のある処理を行い、エラーが起きた場合はexceptブロックでエラーを処理しています。そして、finallyブロックで必ず特定のメッセージを表示するようにしています。これにより、エラーが起きた時でも必ず特定の処理が行われることを保証することができます。

　以上がPythonでの例外処理の基本的な方法です。エラーが起きた時に適切に対応できるように、try、except、そしてfinallyをうまく使い分けましょう。

　エラーを怖いと思わず、エラーと上手に向き合って、例外処理のスキルを身につけてください。そして、エラーが出た場合や、自分で書いたソースの例外処理をどう実装すべきかについて、ぜひChatGPTに聞いてみてください。AIと共にプログラミングをする便利さをより感じることができるのではないでしょうか。

ひとことメモ　　例外処理を行う時には注意が必要です。except ブロックでエラーを捕捉しすぎると、予期せぬエラーを見逃してしまう可能性があります。特定のエラーだけを捕捉するようにし、原因不明のエラーが発生した場合はそれを見逃さないようにしましょう。

　エラーは開発環境やプログラムの間違いに気付かせてくれる重要な情報源でもあります。想定されるエラーに対する処理だけが役割ではないのです。

29 ライブラリ（モジュールとパッケージ）

① ChatGPT に質問してみよう

ChatGPTに下記プロンプトを入力してみましょう。

> あなたはPythonの先生です。プログラミング初心者にもわかるように、モジュールについてわかりやすく教えてください。

　プログラミングの世界は、レゴのブロックを組み立てて遊ぶのと似ています。モジュールとは、そのレゴのブロックを組み合わせて作った部品のようなものです。これらの部品（モジュール）を組み合わせることで、大きな建物（プログラム）を作り上げます。

図18　ライブラリの例

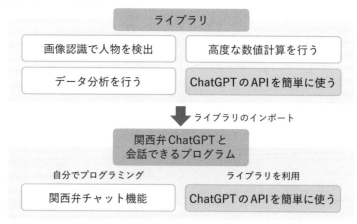

ここで、「モジュール」、「パッケージ」、「ライブラリ」の3つの重要な概念を理解しておきましょう。

これらは、Pythonプログラムを構築、管理、再利用するための基本的な要素です。

② モジュールとは

モジュールはPythonのプログラムが書かれた1つのファイルのことを指します。

このモジュールを通じて、関数、クラス、変数などのプログラムを他のPythonプログラムから簡単に利用できるようにしています（クラスについてはP158参照）。

モジュールを使う最大の利点は、プログラムの再利用性と整理性を高めることです。

大規模なプログラムを開発する際、全ての関数やクラスを1つのファイルに書くと、何千行にもわたるプログラムが1つのファイルに記述されることになります。これは非常に非効率的であり、管理コストも大幅に増加してしまいます。

そこで、関連する機能ごとにグループ化し、それぞれを別のモジュールとして保存することで、整理しやすく、必要な部分だけを読み込むことができるようになります。

他に、ユーザ自身が作成したファイルも、他のファイルからインポートされることでモジュールとして機能します。

これにより、自分が書いたコードや関数を再利用する時など、他の人とコードを共有する際にも役立つので覚えておくと良いでしょう。

③ パッケージとは

　パッケージは複数のモジュールを分類・整理するためのものであり、通常はディレクトリ（フォルダ）として構成され、そのディレクトリには__init__.py ファイルが含まれます。

　パッケージにより、モジュールの管理が容易になり、名前空間の衝突を避けることができます。

　名前空間は、変数、関数、クラスなどの識別子が有効な範囲を区別するための「範囲」または「コンテキスト」です。

　名前空間が異なれば、同じ名前の識別子でも別のものとして扱われることになります。

　例えば、二つの異なるパッケージ内で、それぞれstartという名前のモジュールが存在する場合、これらのモジュールはそれぞれのパッケージの名前空間内で区別されます。

　具体的には、package1.start と package2.start のように、パッケージ名を前につけることで、どのパッケージのモジュールを指しているのかを明確にします。

　このように、名前空間は、コードの整理や、特に大規模なプロジェクトにおいて、異なる部分やモジュール間の名前の衝突を防ぐために重要な役割を果たします。

④ ライブラリとは

　ライブラリは、特定のタスクを行うための関数やクラス、変数などを集めたモジュールやパッケージのことを言います。

Pythonの「標準ライブラリ」には、数学的な計算をするmathモジュールや、日付や時間を扱うためのdatetimeモジュール、ランダムな数を生成するためのrandomモジュールなどが含まれています。

図19 ライブラリのイメージ

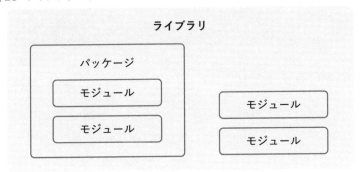

これら3つの概念は、Pythonプログラムの構造を理解するために重要です。Pythonでこれらの要素を利用するには、import文を使用してモジュール、ライブラリ、またはパッケージを自分のプログラム内で使えるようにする必要があります。

例えば、次のように書くことで、mathライブラリをインポートできます。

3-12 演習プログラム

```
import math
```

そして、次のように書くことで、mathライブラリのsqrt関数を使って平方根（ルート）を計算できます。

3-12 演習プログラム2

```
import math

# 16の平方根を計算
sqrt_16 = math.sqrt(16)
print(sqrt_16)  # 4.0
```

⑤ 色々なライブラリ

　ライブラリには、Pythonをインストールした時点で利用可能な
Pythonの標準ライブラリに含まれるものだけでなく、他の人が作ったラ
イブラリをインターネットからダウンロードして使うこともできます。

　また、自分で新しくライブラリを作ることもできます。新しいライブ
ラリを作ることで、自分のプログラムを他の人が使いやすくすることも
できます。

　例えば、数値計算で使うNumPy、データ分析で使うPandas、グラフ
描画で使うMatplotlibなどは有名です。

　他にもPythonを勉強する中で機械学習のプログラムを触ってみると、
TensorFlowやTensformers、PyTorchなどを使うこともあるかもしれ
ません。

　このようなライブラリを使うことで、すでに書かれたプログラムを再
利用することができます。

　これは、同じプログラムを何度も書かなくて済むので、時間を節約で
きます。

　また、ライブラリは多くの人によりテストが行われ開発されているこ
とが多いので、自分で作るよりも安定したプログラムを使うことができ

ます。

　ライブラリには、MIT ライセンスが指定された OSS（オープンソースソフトウェア）が多く存在します。MIT ライセンスが指定されている場合、プログラムが公開されています。そのプログラムを利用した自作のプログラムやサービスを公開する場合には著作権表示とライセンステキストを含める条件がありますが、それを守れば誰でも自由に改良や拡張が可能です。

　その代わり、うまく動く保証がされていないことや、不具合が発生した場合のサポートを受けることもできません。

　信頼できるライブラリか十分に確認した上で、他の人の作ったライブラリを利用することをおすすめします。

ひとことメモ　　　後半の演習では、openai というライブラリを使用します。これは、ChatGPT の API を簡単に活用するために開発されたライブラリです。プログラミングでは、自分で全てを一から作り出すのではなく、他の人が作成した既存のライブラリを利用することも少なくありません。

　それにより、効率的に高機能なプログラムを作成することが可能となります。

　ですから、何か新しいことに挑戦したい時や、特定の問題を解決したい時は、すでに存在するライブラリがその手段になるかもしれません。

　興味のある方は、色々なライブラリを探してみてください。

30 クラスとインスタンス

📍 ChatGPT演習3-13

① ChatGPT に質問してみよう

ChatGPTに下記プロンプトを入力してみましょう。

> あなたはPythonの先生です。プログラミング初心者にもわかるように、クラスとインスタンスについてわかりやすく教えてください。

Pythonのプログラミングをする上で重要な概念が「クラス」と「インスタンス」です。これらは、実生活の仕組みをプログラミングの世界に持ってくるための道具だと考えることができます。

図20 クラスとインスタンスのイメージ

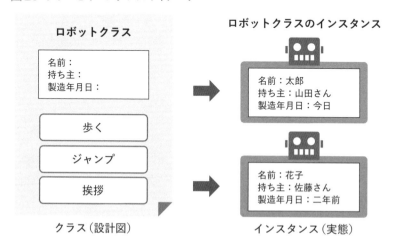

② オブジェクト指向プログラミング
（Object-Oriented Programming、OOP）

オブジェクト指向プログラミングとは、データ（属性や状態）とそれに関連する操作（メソッドや処理）を1つの「オブジェクト」として捉えることで、現実世界の概念に近い形でのプログラミングを実現し、人間が理解しやすいプログラミングを可能にする考え方です。

「オブジェクト」と言われても何のことかわからないと思いますが、Pythonのデータ全てがオブジェクトです。数値の5も、文字列の"hello"も、リストの[1, 2, 3]も全てがオブジェクトです。それぞれがPythonの世界に存在するもの「オブジェクト」です。そして、「インスタンス」も特定の「クラス」から生成されたオブジェクトです。

オブジェクト指向プログラミングについて、もっと知りたい人はChatGPTへの質問や、検索など好きな方法で調べてみてください。プログラミングをする上で、どのようなことに気をつけると読みやすく無駄の少ないプログラミングができるか、大切な考え方を学ぶことができるでしょう。

また、他の概念を知らずわかりにくいという人は「手続き型プログラミング」「関数型プログラミング」などを調べてみると良いかもしれません。

③ クラスとは

プログラミングにおける「クラス」とは、現実世界の概念や仕組みをプログラム内で表現するための設計図のようなものと考えることができます。

クラスは、インスタンスがどのような性質を持ち、どのような機能を持つべきかを定義します。

例えば、もし私たちが車を作ることを考えた場合、その設計図がクラスに相当します。この設計図（クラス）には、車が何を持っているか

（属性、例えば色や大きさ）と、車が何をするか（メソッド、例えば動く、止まる）という情報が含まれています。

④ 属性 (attribute)

「属性」はクラスにおける重要な概念です。クラスの設計図に書かれている特性や特徴を示すものと考えると良いでしょう。

車のクラスを考えてみましょう。車のクラスの属性としては、「色」、「大きさ」、「形」、「重さ」などが考えられます。これらの属性は、その車のクラスを特徴づける要素となります。

属性は、クラスをインスタンス化（具体的なものを作ること）する際に値を設定することができます。例えば、赤い色の大きな車を作る場合、色の属性には赤、大きさの属性には大という値を設定します。

属性は、オブジェクト指向プログラミングにおけるデータの基本的な要素です。属性には、そのクラスから生成される全てのインスタンスで共有される値を持つクラス変数と、各インスタンスでそれぞれの値を持つインスタンス変数があります。属性は通常、クラスのインスタンス変数として定義されます。

例えば、1つの車のクラスから赤い車のインスタンスと青い車のインスタンスを作るとします。これらのインスタンスは同じクラスから生成されていますが、インスタンス変数として色の属性が設定されている場合、赤い車と青い車はそれぞれ別の色情報を持つことができます。

⑤ メソッド (method)

「メソッド」はクラスから生成されたインスタンスの機能を定義するものであり、クラス内に定義される関数です。これは、クラス（設計図）に書かれた指示に従って動作する関数と考えると分かりやすいで

しょう。

　車のクラスを考えると、メソッドとしては「進む」、「止まる」、「曲が
る」、「クラクションを鳴らす」などが考えられます。

　例えば、速度という属性を持つ車のクラスに「進む」というメソッド
があるとします。このメソッドは速度属性に基づいて車を動かすことが
できます。この車のクラスから生成された全てのインスタンス（具体的
な車）は、この「進む」メソッドを実行する（車を動かす）ことができま
す。

⑥ クラスからインスタンスを作る利点

　クラスからインスタンスを作ることには大きな利点が3つあります。

　それは「再利用性」、「機能の引き継ぎ」、「状態の保持」です。

　まず、「再利用性」です。これは一度作ったクラス（設計図）を使っ
て、同じ特性を持つ新しいインスタンス（車）を何度でも作れるという
特性です。例えば、ある特定の車の設計図があれば、その設計図に従っ
て同じタイプの車を何台でも作ることができます。同様に、車のクラス
を一度定義してしまえば、そのクラスから新しいインスタンスを何度で
も作ることができます。

　次に、「機能の引き継ぎ」です。これはクラスで定義した機能（例え
ば、前進する、後退する、止まる等のメソッド）がそのクラスから作ら
れた全てのインスタンスに引き継がれるという特性です。例えば、ある
特定の車の設計図には、その車が前進する方法や止まる方法が定義され
ているでしょう。これらの機能は、その設計図から作られた全ての車
（インスタンス）に引き継がれます。

　最後に、「状態の保持」です。これはインスタンスが自分自身の状態
（属性）を保持し、それに基づいて振る舞うことができるという特性です。
車に例えると、それぞれ異なる利用年数、所有者などを持つでしょう。

これらの状態はそれぞれの車（インスタンス）が保持します。そして、それぞれの車は自身の状態に基づいて振る舞います。例えば、ある車は所有者ではないため動かすことができず、別の車は年数が経っているため修理が必要かもしれません。

このように、「再利用性」、「機能の引き継ぎ」、「状態の保持」の3つの特性を理解することで、クラスからインスタンスを作ることの利点を理解することができます。これらを理解し、活用することで、より効率的で理解しやすいプログラミングが可能になります。

⑦ クラスを作る

それでは実際にPythonで車のクラスを作りましょう。

3-13 演習プログラム

```python
class Car:
    def __init__(self, color, size):
        self.color = color
        self.size = size

    def move(self):
        print("車は動きます")

    def stop(self):
        print("車は止まります")
```

__init__はコンストラクタと呼ばれる特殊なメソッドです。コンストラクタとは、インスタンスが生成される時に自動的に呼ばれる特殊なメソッドのことを指します。このメソッドを用いることで、インスタンス

が生成される際の初期設定を行うことができます。

Pythonでは、クラス内にあるメソッドの第一引数は常にselfという変数となります。selfはインスタンス自身を指し、これを設定することでインスタンスに紐づく属性（インスタンス変数）やメソッドを利用することができます。

例として、上記のCarクラスを考えてみましょう。self.colorやself.sizeというのは、生成する車のインスタンスが持つ色や大きさを指します。selfはそのインスタンス自体を指し示すので、self.colorと設定することで、それぞれの車のインスタンスに色という属性が与えられるのです。

このようにselfを使用することで、インスタンスごとに異なる状態や振る舞いを持たせることができるのです。

⑧ インスタンスを作る

このCarというクラスは設計図で、これを元にして具体的な車を作ることができます。

具体的な実体を作り出す行為を「インスタンス化」と呼びます。Pythonでは、クラス名に括弧をつけて呼び出すことで、そのクラスからインスタンスを作り出します。実際に作ってみましょう。

`3-13` 演習プログラム2

```
my_car = Car("red", "big")
```

これにより、「色が赤で大きさが大きい車」を作り、それをmy_carという変数に保存しました。このmy_carがインスタンスです。クラスから作られた具体的なものがインスタンスなのです。

⑨ インスタンスの利用

インスタンスは、設計図（クラス）に書かれた属性とメソッドを持っています。属性は以下のようにアクセスできます。

3-13 演習プログラム3

```
print(my_car.color)  # "red"
print(my_car.size)   # "big"
```

また、メソッドは以下のように呼び出すことができます。

3-13 演習プログラム4

```
my_car.move()  # "車は動きます"
my_car.stop()  # "車は止まります"
```

Pythonのクラスとインスタンスは、プログラムを効率的に作成する考え方です。設計図（クラス）から具体的なもの（インスタンス）を作り出し、それらが属性を持ち、何かを行うことができます。

クラスは、それ自体が新しいオブジェクト型を作成するための設計図となります。このクラスから生成される個々のオブジェクトは、そのクラスが定義した属性とメソッドを持ちます。これにより、データ（オブジェクト）とそのデータを操作する手段（メソッド）を一緒にまとめることができ、これがオブジェクト指向プログラミングの中核的な概念となります。

クラスとインスタンスを理解すると、プログラミングがより直感的になり、大きなプログラムを効率よく書くことができます。しかし、これらの概念は少し難しいので、すぐには理解できなくても大丈夫です。一つ一つ理解していくことが大切です。

他にもクラスには、クラス変数、クラスメソッド、オーバーライドやプライベート変数など、覚えると便利な仕組みがたくさんあります。

　ここでは書ききれないので、気になった方はぜひChatGPTに聞いてみてください。

ひとことメモ 　他のプログラミング言語を学んだことがある方は、変数の扱いに関して混乱することがあるかもしれません。JavaScriptやSwiftの経験がある方は、「static」修飾子を使ってクラス変数を定義し、インスタンス変数はクラス内にそのまま定義していたのではないでしょうか。Pythonでは、クラスの直下に変数を配置するだけで、それはクラス変数として動作します。

　一方、インスタンス変数の定義は、__init__メソッド内でselfを用いて行う必要があります。

　このようにPythonでの変数の定義方法は、他の言語と異なる場合があります。これらの違いを理解することで、Python言語への理解を深め、Pythonのクラス設計に慣れていきましょう。

---

31 ファイル入出力

⊙ ChatGPT演習 3-14

① ChatGPT に質問してみよう

ChatGPT に下記プロンプトを入力してみましょう。

> あなたはPythonの先生です。プログラミング初心者にもわかるように、ファイル入出力についてわかりやすく教えてください。

コンピュータ上で、テキストファイルや画像、音楽などのデータを「読み込んだり（入力）」、「書き込んだり（出力）」することを「ファイル入出力」と呼びます。

例えば、友達と手紙をやりとりすることを考えてみてください。友達からの手紙（ファイル）を開いて（読み込み）、中身を読む。それから、自分の手紙（新しいファイル）を書いて（書き込み）、友達に送る。これがまさにファイル入出力の一例です。

Pythonを使って、このような「手紙のやりとり」をコンピュータ上で行う方法を学びましょう。

② ファイルを開く（読み込む）

Pythonでファイルを開くには、open()という関数を使います。この

関数は、「手紙（ファイル）」を開くための「はさみ」のようなものです。

例えば、"my_letter.txt"という名前の手紙（テキストファイル）を開くには、次のように書きます：

3-14 演習プログラム

```
myfile = open('my_letter.txt')
# または open('my_letter.txt', 'r')
```

これで、my_letter.txtが開き、その内容をPythonで読み込むことができます。

③ ファイルの中身を読む

さて、手紙を開いたら中身を読みたいですよね？　それには.read()という関数を使います。

3-14 演習プログラム2

```
content = myfile.read()
print(content)
```

このプログラムで、手紙の中身（ファイルの内容）が表示されます。

④ ファイルを閉じる

手紙を読み終えたら、ちゃんと閉じなければなりません。それには.close()という関数を使います。

3-14 演習プログラム3

```
myfile.close()
```

これで、ファイルがちゃんと閉じられます。

⑤ 新しい手紙を書く（新しいファイルを作る）

自分の手紙を書くにはどうすれば良いでしょうか？ Pythonで新しいファイルを作るには、再度open()関数を使いますが、今度は少し違う方法で。

3-14 演習プログラム4

```
new_letter = open('new_letter.txt', 'w')
new_letter.write('Hello, friend!')
new_letter.close()
```

これで、new_letter.txtという新しい手紙（ファイル）が作られ、その中にHello, friend!と書かれます。wはwrite（書く）の略で、新しくファイルを作って書き込む時に使います。

⑥ 既存の手紙に追記する（既存のファイルに書き足す）

既存の手紙に何か書き足すにはどうすれば良いでしょうか？ それにはa（append：追加）を使います。

3-14 演習プログラム5

```
letter = open('new_letter.txt', 'a')
letter.write('\nSee you soon!')
```

```
letter.close()
```

これで、既存のnew_letter.txtに\nSee you soon!が追記されます。\nは改行を意味する特別な文字です。

以上が、Pythonでの基本的なファイル入出力の方法です。これらの手順を覚えておけば、Pythonで手紙（ファイル）を自由自在に読んだり書いたりすることができます。

ただし、これらの方法を使う時には注意が必要です。例えば、wを使って新しいファイルを作ると、同じ名前の既存のファイルは上書きされてしまいます。また、ファイルを開いたら必ず閉じるようにしましょう。そうしないと、他のプログラムがそのファイルを開けなくなることがあります。

⑦ バイナリファイルの読み書き

これまで説明してきた方法はテキストファイルの読み書きに適していますが、画像や音声などのバイナリデータを扱う場合は少し異なるアプローチが必要です。バイナリファイルを開くには、open関数のモードにbを追加します。

3-14 演習プログラム6

```
# バイナリ読み込みモードでファイルを開く
with open('image.jpg', 'rb') as f:
    data = f.read()
```

このrbモードは"read binary"を意味します。これで、バイナリデー

タとしてファイルを読み込むことができます。バイナリ書き込みモード（wb）も同様に使うことができます。

⑧ CSV や JSON など特定の形式のファイルを扱う

　CSV や JSON は共にデータの受け渡しやデータベース、API の応答としてのデータ交換など、多岐にわたる用途で利用されるフォーマットです。CSV や JSON などの特定の形式のファイルを扱うためには Python のライブラリを使う必要があります。これらのライブラリを使うと、ファイル形式に対応したデータの読み書きが簡単になります。

【CSV ファイルの例】

```
name,agejob
tanaka,23,engineer
sato,32,designer
suzuki,45,manager
yamada,29,marketer
```

　例えば、CSV ファイルを読み込むには csv ライブラリを使用します。

3-14 演習プログラム 7

```
import csv

with open('data.csv', 'r') as f:
    reader = csv.reader(f)
    for row in reader:
        print(row)
```

このプログラムは、CSVファイルを開き、各行をリストとして読み込み、その内容を表示します。

JSONファイルの例

```
[
  {
      "name": "tanaka",
      "age": 23,
      "job": "engineer"
  },
  {
      "name": "sato",
      "age": 32,
      "job": "designer"
  },
  {
      "name": "suzuki",
      "age": 45,
      "job": "manager"
  },
  {
      "name": "yamada",
      "age": 29,
      "job": "marketer"
  }
]
```

　同様に、JSONファイルを扱うにはjsonライブラリを使用します。

```
import json

with open('data.json', 'r') as f:
    data = json.load(f)
print(data)
```

　このプログラムは、JSONファイルを開き、JSON形式のデータを
Pythonの辞書として読み込みます。これらのライブラリを使うことで、
様々なファイル形式のデータを効率的に扱うことができます。

> ひとことメモ　　　ファイルを操作する時、様々なエラーが発生す
> る可能性があります。例えば、ファイルが存在し
> ない、ディスクの空き領域が不足している、読み取り専用のファイ
> ルに書き込みを試みるなどです。これらのエラーを適切に処理する
> ためには、try/except文を使用します。
>
> 3-14 演習プログラム9
>
> ```
> try:
>     with open('myfile.txt', 'r') as f:
>         data = f.read()
> except FileNotFoundError:
>     print("ファイルが見つかりません")
> ```
>
> 　このプログラムでは、ファイルを開いて読み込むことを試みてい
> ます。ファイルが見つからない場合は、PythonがFileNotFound
> Errorを発生させます。この例外はexcept文で捕捉され、エラーメッ
> セージが表示されます。

第 **4** 章

〔演習〕ChatGPT で
作る Python プログラ
ミング〔応用編〕

PythonとAIについて、ここまで実践を交えながら学習を進めてきました。

　おそらくもうPythonやChatGPT、それにChatGPTと一緒にプログラミングをすることにも違和感はなくなっているでしょう。

　しかし、Pythonプログラミングの基礎の章を読んで、実際に演習プログラムも動かしたのに、まだプログラミングの構文を全然覚えられていないという人も多いのではないでしょうか。

　もちろん、一度で覚えることは素敵ですが、動かしながら学べば問題ありません。
　大事なのは手を止めずにやり切ることです。少しずつプログラミングの世界に慣れていきましょう。

　さて、ここから先は演習の後半部分になります。

　ここからは少し複雑なプログラムの出力に挑戦していきます。

しかし、ここまで学んできた皆さんであれば、エラーが発生し動作しないプログラムが出てきたとしても、ChatGPTに修正をお願いすることで、無事にPythonプログラムを動かすことができるでしょう。

　この章では、Pythonの魅力がわかりやすいプログラムを演習課題として用意しました。

　この演習を通じて、Pythonの素晴らしさをぜひ感じてください。

32 Webスクレイピング

◉ ChatGPT演習4-1

① Webスクレイピングのプログラムの作成

　Webスクレイピング。過去にPythonプログラミングに挑戦しようとしたことのある方には聞き覚えのある単語ではないでしょうか。

　Pythonを活用する時、最初に演習の候補に上がるのがWebスクレイピングです。

　Webスクレイピングとは、Webサイト（HTMLやXMLなど）から自動的に必要な情報を取得することを指します。

　より詳しく説明すると、プログラミングを用いてWebサイトのHTML構造などを解析し、必要なデータを特定し、そのデータを抽出・取得するプロセスのことです。

　具体的な用途としては、ニュース記事の抽出、商品やサービスの情報収集、ユーザレビューや口コミの取得などがあります。

　例えば、毎日Webサイトをチェックし、更新情報の記録をする作業はPythonプログラムによって自動化できます。

　このように大量のWebページから効率的にデータを収集することができるため、データ分析や業務効率化などに活用されています。

② Webスクレイピングの注意点

ただし、Webスクレイピングにはいくつかの注意点があります。最近では、「Webスクレイピング禁止」の項目を利用規約に含めるサイトも増えています。

サイトによってルールは異なりますが、明確にWebスクレイピングを禁止しているサイトでは、Webスクレイピングを行わないよう注意しましょう。

業務で利用する際には、その業務に合わせてHTML構造などを確認し、取得したい要素を指定する必要があります。

その具体的な方法については、本書では割愛しますので、より高度なPythonの教材やプログラミング知識の共有サイトを確認することをおすすめします。

もちろんChatGPTに聞いてみることも忘れないようにしてください。

また、演習で作成したプログラム内でも使われている「BeautifulSoup」などはWebスクレイピングを行う上で有名なライブラリですので、まずはそこから調べてみるのも良いでしょう。

それでは試しに簡単なWebスクレイピングのプログラムを作成してみましょう。

このプログラムではOGP（Open Graph Protocol）画像と呼ばれるSNSなどでシェアされた時に表示される画像を取得します。

③ ChatGPT にプロンプトを入力

ChatGPTに下記プロンプトを入力してみましょう。

> あなたはPythonの専門家です。私はプログラミングの素人です。
> GoogleColaboratoryにコピペするだけで動くPythonプログラムとして、Webスクレイピングで任意のサイトのOGP画像を取得するプログラムを提案してください。
> サイトURLはコンソール上で尋ねてください。

4-1 演習プログラム

【返答例】

```python
import requests
from bs4 import BeautifulSoup
from PIL import Image
from io import BytesIO
import re

# サイトのURLを入力する
url = input("サイトのURLを入力してください: ")

# URLからHTMLを取得
response = requests.get(url)
soup = BeautifulSoup(response.content, 'html.parser')

# OGPタグを探す
ogp_image = soup.find('meta', {'property': 'og:image'})
if ogp_image:
```

```
    image_url = ogp_image['content']
    print("OGP画像のURL:", image_url)

    # 画像をダウンロードして表示する
    image_response = requests.get(image_url)
    img = Image.open(BytesIO(image_response.content))
    img.show()
else:
    print("OGP画像は見つかりませんでした。")
```

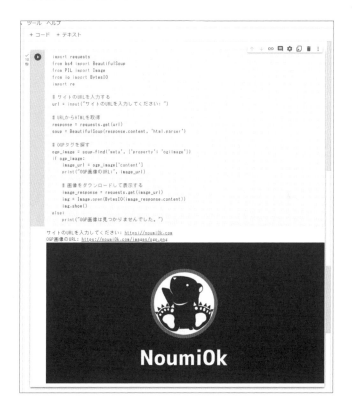

33 API活用

○ ChatGPT演習 4-2

① APIの利用方法

API（Application Programming Interface）は、ソフトウェアやアプリケーションが他のソフトウェアやサービスと情報を交換するための仕組みです。

APIを活用すると、他のアプリケーションが提供しているデータや機能を利用することができます。

例えば、天気予報のAPIを利用すれば、自分で天気の情報を収集・整理する必要なく、必要な情報を簡単に取得することができます。

取得したい情報や機能に応じて、適切なAPIを選択する必要があります。APIは天気予報以外にも、株価取得や株取引の実行、ニュース情報の取得、コンテンツ取得や発信、YouTubeなどのアナリティクス情報の取得ができるものなどがありますが、APIは基本的に有料であり、それぞれに利用規約という利用のルールがありますので、必ずルールを守って利用しましょう。

さらに、APIを利用する際には、特定の「エンドポイント」にリクエストを送ります。

エンドポイントは、APIにアクセスするためのURLの一部で、情報の取得先を指定します。

各APIは独自のルールに従ってエンドポイントを設定していますので、どのエンドポイントにどのようなリクエストを送るべきかは、APIの公式ドキュメントを参照する必要があります。

　その具体的な方法については、APIの公式ドキュメントの他、Web上の解説記事を探してみると良いかもしれません。
　ChatGPTは最新情報を取得するのが得意ではないので、特定のAPIの利用方法については自分で調べることをおすすめします。

　それでは実際にPythonを使ってAPIを利用する基本的なプログラムを作成しましょう。
　この演習では、公開されているネコ画像取得のAPIを利用して、ネコの画像を取得するプログラムを作成します。

② ChatGPT にプロンプトを入力

　ChatGPTに下記プロンプトを入力してみましょう。

> あなたはPythonの専門家です。私はプログラミングの素人です。GoogleColaboratoryにコピペするだけで動くPythonプログラムとして、APIを活用したネコ画像取得・表示するプログラムを提案してください。

4-2 演習プログラム
【返答例】

```
import requests
import matplotlib.pyplot as plt
```

```python
from PIL import Image

# ネコの画像を取得する関数
def get_cat_image():
    url = 'https://api.thecatapi.com/v1/images/search'
    response = requests.get(url)
    data = response.json()
    image_url = data[0]['url']
    response = requests.get(image_url, stream=True)
    return Image.open(response.raw)

# ネコの画像を表示する関数
def show_cat_image(image):
    plt.imshow(image)
    plt.axis('off')
    plt.show()

# メイン関数
def main():
    cat_image = get_cat_image()
    show_cat_image(cat_image)

# プログラムの実行
if __name__ == '__main__':
    main()
```

```
import requests
import matplotlib.pyplot as plt
from PIL import Image

# 猫の画像を取得する関数
def get_cat_image():
    url = 'https://api.thecatapi.com/v1/images/search'
    response = requests.get(url)
    data = response.json()
    image_url = data[0]['url']
    response = requests.get(image_url, stream=True)
    return Image.open(response.raw)

# 猫の画像を表示する関数
def show_cat_image(image):
    plt.imshow(image)
    plt.axis('off')
    plt.show()

# メイン関数
def main():
    cat_image = get_cat_image()
    show_cat_image(cat_image)

# プログラムの実行
if __name__ == '__main__':
    main()
```

このサンプルプログラムでは、猫の画像URLをランダムに返してくれるAPI、The Cat APIを利用しています。

このAPIは特定条件では無料での利用が可能ですが、条件を満たさない場合は毎月利用料を支払う必要があります。

実際にこのAPIをサービスに組み込んで利用する際は、サイトに書いてあるルール（営利目的では課金が必要など）や、利用規約（API Terms of Service）を必ず守りましょう。

【The Cat API】 https://thecatapi.com

34 グラフ生成

◉ ChatGPT演習4-3

① 簡単なグラフ生成プログラムを作成

データ分析において、情報をわかりやすく視覚的に表現することは重要です。そのための方法の1つが「グラフ生成」です。

グラフは、データを視覚的に表現するための図です。数値やテキストなどの抽象的なデータを、直線、棒、円などの視覚的な形に変換することで、データのパターンや傾向を見つけることが容易になります。
また、データを他の人々と共有する時にも、グラフは非常に有効です。

Pythonには、データを様々なタイプのグラフとして描くことができる強力なライブラリ（matplotlibやseaborn、plotlyなど）が多数あります。

それでは、簡単なグラフ生成プログラムを作成しましょう。

② ChatGPTにプロンプトを入力

ChatGPTに下記プロンプトを入力してみましょう。

あなたはPythonの専門家です。私はプログラミングの素人です。GoogleColaboratoryにコピペするだけで動くPythonプログラムとして、CSVファイルに従ってグラフを描写するプログラムを提案し

てください。

```
#CSVファイルのPath
'/content/file.csv'

#CSVファイルのフォーマット
| x | y.|
```

4-3 演習プログラム

【返答例】

```python
import pandas as pd
import matplotlib.pyplot as plt

# CSVファイルのパス
csv_file_path = '/content/file.csv'

# CSVファイルの読み込み
df = pd.read_csv(csv_file_path)

# x軸とy軸のデータを取得
x = df['x']
y = df['y']

# グラフの描画
plt.plot(x, y)
plt.xlabel('x')
plt.ylabel('y')
```

```
plt.title('Graph')
plt.show()
```

【CSVファイルの中身】

```
x,y
0,0.5
1,1
2,1.5
```

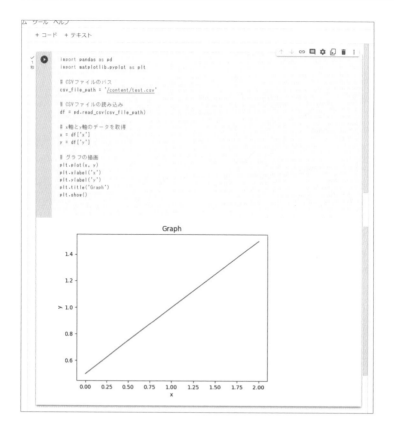

4-3演習プログラムをコピーして実行すると下記エラーが発生したのではないでしょうか。

```
No such file or directory: '/content/file.csv'
```

このエラーは、参照するCSVファイル「file.csv」が見つからないことを示しています。このように今回のプログラムはCSVファイルをGoogle Colabからアクセスできる場所に配置する必要があります。

まず、メモ帳を開き、【CSVファイルの中身】の内容を貼り付けて、「file.csv」という名前で保存してください。次に、これをGoogle Colabでアクセスする場所に移動させます。

Google Colabでファイル管理画面を開き、「右クリック＞アップロード」の操作を行ってください。アップロードを押した後にCSVファイルである「file.csv」を選べば、Google Colabがアクセスできる場所にCSVファイルを配置したことになります。

最後に、再度プログラムを実行し、グラフが表示することを確認しましょう。

ひとことメモ　　グラフ活用はプログラムを使って作成するだけで終わりではありません。データからグラフを作成できることはもちろん重要ですが、グラフから得られた情報を適切に解釈し、それに基づく結論を導く能力が特に重要です。

グラフ表現は視覚的に理解しやすくわかりやすいため便利ですが、表現の仕方により結果を歪めて伝えることができてしまうツールです。

便利なツールや表現に共通することではありますが、誰でも使えて便利だからこそ、適切な解釈や表現、高い倫理観を持って扱う必要があり、誤った解釈や使い方により大きなトラブルを生む可能性があることを忘れないでください。

---

35 音声ファイル抽出プログラム（MP4からMP3へ）

📍 ChatGPT演習4-4

① MP4 から MP3 を抽出

日常生活において、音声と動画は情報伝達の重要な手段となっています。

例えば、音楽、映画、ビデオ会議、オンライン教育、SNSなど、様々な形で音声と動画が利用されています。そのため、音楽や動画の編集、データ処理も現在では当たり前に使われる技術となりました。

この演習では、動画データの音声を効率的に処理する一例として、動画ファイル（MP4）から音声ファイル（MP3）を抽出するプログラムの作成を行います。

例えば、ビデオ会議の録音を文字起こししたい場合や、音声データの解析をしたい場合、映像が不要な音声コンテンツを作りたい場合、動画ファイルから音声データだけを抽出することで、音声データの解析や再生の実行速度を大幅に改善することが可能です。

Python には、音声と動画のデータ処理を支援するための多数のライブラリ（moviepyや、pydub、ffmpeg-pythonなど）が存在します。
これらのライブラリを使用することで、音声と動画のデータ処理を容易に、かつ効率的に行うことが可能となります。

それでは、実際にPythonを用いて動画ファイルから音声ファイルへ抽出するプログラムを作成しましょう。

② ChatGPTにプロンプトを入力

ChatGPTに下記プロンプトを入力してみましょう。

> あなたはPythonの専門家です。私はプログラミングの素人です。GoogleColaboratoryにコピペするだけで動くPythonプログラムとして、動画ファイルから音声ファイル抽出（MP4からMP3へ）プログラムを提案してください。
>
> #動画ファイルのPath
> '/content/input_video.mp4'
>
> #音声ファイルのPath
> '/content/output_audio.mp3'

4-4 演習プログラム

【返答例】

```
!pip install moviepy

from moviepy.editor import *

def extract_audio(video_path, audio_path):
    video = VideoFileClip(video_path)
    audio = video.audio
```

```
    audio.write_audiofile(audio_path)

# 動画ファイルのパスと抽出された音声ファイルのパスを指定して
ください
video_file = "/content/input_video.mp4"
audio_file = "/content/output_audio.mp3"


extract_audio(video_file, audio_file)
```

chapter 4 〔演習〕ChatGPT で作る Python プログラミング［応用編］

ひとことメモ　今回は音声ファイルのフォーマットとして MP3 を採用しました。MP3 は多くのデバイスやソフトウェアでサポートされていますので、パソコンでもスマホでもプログラムの実行結果を確認するときに困ることは少ないでしょう。ただし、MP3 はオーディオの品質とファイルサイズのバランスを考慮した結果として生まれたフォーマットであり、全てのシチュエーションで MP3 が最適な選択肢とは限りません。

　例えば、極めて高品質なオーディオが必要なプロジェクトや専門的な音楽制作には、WAV や FLAC などの無圧縮・低圧縮フォーマットが適しています。これらはオーディオデータをほとんど、またはまったく圧縮しないため、音質が非常に高いです。しかし、これらのフォーマットはファイルサイズが大きいので、ストレージや帯域幅に制限がある場合は注意が必要です。

　一方、動画付きのプレゼンテーションや Web 用の短いオーディオクリップなど、特に高品質が求められないケースでは、AAC や OGG といった圧縮効率の良いフォーマットも選択肢になります。これらのフォーマットは、MP3 よりも高い音質が保たれつつ、ファイルサイズも抑えられます。

　音声ファイルのフォーマットには、高品質なら WAV や FLAC、効率性を求めるなら AAC や OGG、そして、汎用性が重要な場合は MP3 といった具体的な選択肢があります。音声ファイルのフォーマットを選ぶ際には、それぞれの特性や用途に応じて慎重な選択が必要です。どのフォーマットもそれぞれの利点と欠点がありますので、目的に合ったものを選ぶスキルが重要です。

36 学習済みモデルを 用いた機械学習

◉ ChatGPT演習 4-5

① 機械学習で短時間で高精度の結果を出す

　機械学習は、もはや欠かせない技術となっています。機械学習とは、人間が、文字や画像を見たり、音楽・音声を聞いたりして学ぶのと同じように、コンピュータに学習してもらうことを言います。

　Pythonは、その手軽さと強力な機械学習ライブラリ（Transformers、TensorFlow、PyTorchなど）の存在により、機械学習を行う際によく活用されています。

　強力なライブラリと、学習済みモデルを用いることで、本来は手間がかかる上に難易度の高い技術にも関わらず、初心者でも簡単に体験することができます。

　この演習では、すでに他の人によって学習され、利用可能な状態で公開されている「学習済みモデル」を使用します。これらのモデルは、それぞれ指定されたライセンスや利用規約を守ることでインターネット上で自由に利用できるため、自分で一からモデルを訓練する必要がありません。

　これにより、初心者でも短時間で高精度の結果を出すことが可能となります。

　例えば、ある種の花の写真を見て、それが何の花なのかを予測するプログラムを作るとしましょう。

学習済みモデルを利用すれば、大量の花の写真とそれが何の花なのかを示すラベル情報を用いてモデルを訓練する必要はありません。学習済みモデルをダウンロードし、新たな花の写真を入力するだけで、その花が何の花なのかを予測することができます。

　ただし、すでに学習されたモデルを利用して予測を行う仕組み上、学習モデルに含まれていない花の名前を予測することはできません。ファインチューニングや転移学習と呼ばれる手法を用いて、学習済みモデルを利用用途に合わせて「調整」する方法もありますが、高度な内容になってしまうため割愛します。

　ChatGPTのような大規模言語モデル(LLM)に対しても、ファインチューニングすることができますので、興味がある人はぜひ調べてみてください。

　それでは、実際にPythonを用いて機械学習の初歩的なプログラムを作成しましょう。

② ChatGPT にプロンプトを入力

　ChatGPT に下記プロンプトを入力してみましょう。

あなたはPythonの専門家です。私はプログラミングの素人です。GoogleColaboratoryにコピペするだけで動くPythonプログラムとして、機械学習を用いた画像分類プログラムを提案してください。

#学習モデル
tensorflowのVGG16モデル

#判定する画像のPath
'/content/test.png'

【返答例】

```
import tensorflow as tf
from tensorflow.keras.applications.vgg16 import VGG16
from tensorflow.keras.applications.vgg16 import
preprocess_input, decode_predictions
from tensorflow.keras.preprocessing import image
import numpy as np

# 画像のパス
image_path = '/content/test.png'

# VGG16モデルの読み込み
model = VGG16(weights='imagenet')

# 画像の読み込みと前処理
img = image.load_img(image_path, target_size=(224, 224))
x = image.img_to_array(img)
x = np.expand_dims(x, axis=0)
x = preprocess_input(x)

# 画像の分類
predictions = model.predict(x)
decoded_predictions = decode_predictions(predictions,
top=3)[0]

# 分類結果の表示
print('画像の分類結果:')
```

```
for _, label, probability in decoded_predictions:
    print(f'{label}: {probability * 100:.2f}%')
```

＋ コード　＋ テキスト

```
import tensorflow as tf
from tensorflow.keras.applications.vgg16 import VGG16
from tensorflow.keras.applications.vgg16 import preprocess_input, decode_predictions
from tensorflow.keras.preprocessing import image
import numpy as np

# 画像のパス
image_path = '/content/test.png'

# VGG16モデルの読み込み
model = VGG16(weights='imagenet')

# 画像の読み込みと前処理
img = image.load_img(image_path, target_size=(224, 224))
x = image.img_to_array(img)
x = np.expand_dims(x, axis=0)
x = preprocess_input(x)

# 画像の分類
predictions = model.predict(x)
decoded_predictions = decode_predictions(predictions, top=3)[0]

# 分類結果の表示
print('画像の分類結果:')
for _, label, probability in decoded_predictions:
    print(f'{label}: {probability * 100:.2f}%')
```

```
1/1 [==============================] - 1s 505ms/step
画像の分類結果:
laptop: 11.30%
notebook: 11.03%
screen: 7.17%
```

【test.png】

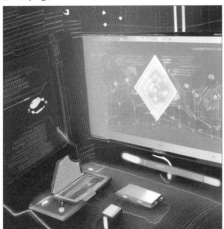

195

第 **5** 章

〔実践〕ChatGPTで
作る Python プログラ
ミング

第4章では、Pythonの利点を活かしたプログラムを演習として扱ってきました。

　Pythonのライブラリを用いることで、短いプログラムで高度な機能が実現されていることに驚いた人も多いのではないでしょうか。

　続いて第5章では、ChatGPTの利点を活かしたプログラムを演習として扱っていきます。

　すでにChatGPTを活用してプログラムを出力してきましたが、第5章ではもう一歩踏み込んだ活用をしていきます。

　ChatGPTの利点を活かしたプログラミングでは、例えばプログラム内で「Pythonプログラムの利点」と入力すると、ChatGPTに質問した時と同じように「シンプルで読みやすい文法」などといった回答を得ることができます。

　ブラウザ版のChatGPTを利用するのも1つの方法ですが、より具体的なシーンでの活用を想像してみてください。

　例えば、あなたが飲食店を経営しているとします。
　この時、お客様が「さっぱりした麺類が食べたい」という要望を出し

た時、従来は人間のスタッフが記憶に頼ってメニューから適切な選択を行っていました。

　しかし、ChatGPTを活用したプログラムを利用していれば、注文パネル内のプログラムが自動的にメニューからお客様の要望に適した商品を選び出すことが可能になります。

　このように、ChatGPTの利点を活かしたプログラミングを使いこなすことで、今以上に実践的にChatGPTを使いこなせるようになると言えるでしょう。

　本章の演習では、そのための最初の一歩目を実践形式で学びます。
　本書で学習してきた皆さんなら、プログラムがうまく動かない場合や詳細な説明やサポートが必要な場合の対処法を理解しているはずです。

　もし困った時には、ChatGPTに質問することを忘れないでください。

　それでは、本書最後の演習を始めていきましょう。

37 実践の事前準備

① ChatGPT にアクセス

ChatGPTのAPIを使うにはChatGPTを提供しているOpenAIのサイトでAPIキーを発行する必要があります。

1. https://openai.com/ にアクセスします。

2. 右上のLoginからログインをしてください。まだアカウントを作っていない場合はSign upからアカウントを作成してください。

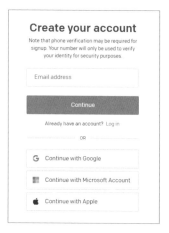

3. ログインできると利用サービスの選択画面に移動します。
   ここでは「API」を選択してください。

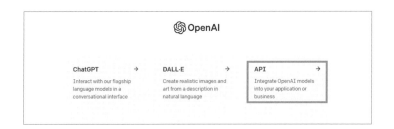

4. 右上の「Personal」と記載されてい
   る要素を選択して、メニューから
   「View API keys」を選択

5. API keysページに移動したことを確認

「Create new secret key」を選択して新規APIキーを作成

※sk-から始まるAPIキーは誰にも見せないでください。

※sk-から始まるAPIキーを必ずコピーして保管しておいてください。後にソース
　コードの「OPENAI_API_KEY」と書かれている箇所に置き換えて利用します。

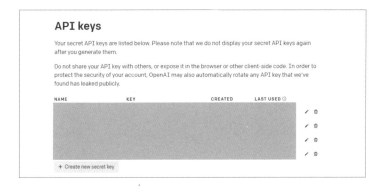

6. これでChatGPTのAPIを利用できるようになりました（※API利用
には料金が発生します。クレジットカードの登録が必要になるのでご注
意ください）。

38 ChatGPT実践：プログラム自動生成用AIエージェント

① 一歩先のAI活用

ChatGPTのAPIを用いて、簡易的なプログラム自動生成用AIエージェントを作成しましょう。

プログラム自動生成用AIエージェントを使うと「作りたいプログラム」を伝えて質問に答えるだけで、簡単なプログラムを作成してもらうことができます。

今回は簡易的な仕組みで実現していますが、Code Interpreterでプログラミングを作成する仕組みや、一般に自立型AIエージェントと呼ばれるAIツールと基本的な考え方は同じです。

ぜひChatGPT単体で実現できない一歩先のAI活用を疑似体験してみてください。

ChatGPTを組み込む関係上、ChatGPTの返答に大きく影響を受けるため、他のプログラムよりも不安定なものになりますのでご了承ください。

② ChatGPTにプロンプトを入力

ChatGPTに次のページのプロンプトを入力してみましょう。

#指示

あなたはPythonの専門家です。私はプログラミングの素人です。手順に沿って処理を実行するプログラムを提案してください。

#手順

1．求める成果物変数、不足情報変数、参考情報変数を用意する。

2．ユーザに求める成果物を質問し、返答を求める成果物変数に格納する。

3.不足している情報リスト作成のプロンプトをChatGPTに指示する。

4.取得した求める成果物を生成するために不足している情報を不足している情報ごとに¥nで分割して不足情報変数に格納

5．不足情報変数を順番にユーザに尋ねてその結果を質問と合わせて参考情報変数に格納する。

6．全てのタスクが完了したら、実行依頼のプロンプトをChatGPTに指示する

#不足している情報リスト作成のプロンプト

あなたはChatGPTのプロンプトエンジニアリング専門家です。{求める成果物変数}を生成するためのプロンプトを作成するために不足している情報リストを出力してください。リストだけを出力します。それ以外を出力することは必ず防ぎます

#実行依頼のプロンプト

参考情報を考慮して「{求める成果物変数}」を作成するプログラム（ソースコード）を作成してください（参考情報：{参考情報変数}）

#成果物

GoogleColaboratoryにコピペするだけで動くPythonプログラム

#条件
ChatGPTのAPIを用いること
ChatGPTのAPIを用いる場合はChatGPTのAPIサンプルの関数を使うこと、引数も増やさないこと
ユーザとの対話が必要な場合はコンソール上で入力を促すこと
ChatGPTからの返答の出力時は必ずわかりやすい区切り記号を入れること

```
#ChatGPTのAPIサンプル
import os
import openai
openai.api_key = 'OPENAI_API_KEY'
completion = openai.ChatCompletion.create(
    model="gpt-3.5-turbo",
    messages=[ {"role": "user", "content": "Hello!"} ]
)
print(completion.choices[0].message)
```

5-1 演習プログラム

【返答例】

```
import os
import openai

# ChatGPTのAPIキーを設定
openai.api_key = 'OPENAI_API_KEY'
```

```python
# 手順1: 成果物変数、不足情報変数、参考情報変数を用意
desired_output = ""
missing_info = ""
reference_info = ""


# 手順2: ユーザに求める成果物を質問し、返答を求める成果物変数
に格納
desired_output = input("求める成果物は何ですか？ ")


# 手順3: 不足している情報リスト作成のプロンプトをChatGPTに指
示し、不足情報変数に格納
prompt = f"あなたはChatGPTのプロンプトエンジニアリング専門家
です。{desired_output}を生成するためのプロンプトを作成するた
めに不足している情報リストを出力してください。リストだけを出力
します。それ以外を出力することは必ず防ぎます"
completion = openai.ChatCompletion.create(
    model="gpt-3.5-turbo",
    messages=[{"role": "system", "content": prompt}]
)


# ChatGPTの応答から不足情報リストを抽出
missing_info = completion.choices[0].message['content']


# 手順4: 不足情報変数に不足している情報を格納
missing_info_list = missing_info.strip().split("¥n")
```

```python
# 手順5: 不足情報変数を順番にユーザに尋ねてその結果を質問と合
わせて参考情報変数に格納
for info in missing_info_list:
    user_response = input(f"{info}を教えてください: ")
    reference_info += f"{info}: {user_response}¥n"

# 手順6: 実行依頼のプロンプトをChatGPTに指示
prompt = f"参考情報を考慮して「{desired_output}」を作成する
プログラム（ソースコード）を作成してください（参考情報:
{reference_info}）"
completion = openai.ChatCompletion.create(
    model="gpt-3.5-turbo",
    messages=[{"role": "system", "content": prompt}]
)

# ChatGPTの応答を出力
output = completion.choices[0].message['content']
print(output)
```

＋ コード　＋ テキスト

```
[2]  !pip install openai

Collecting openai
  Downloading openai-0.27.8-py3-none-any.whl (73 kB)
  ━━━━━━━━━━━━━━━━━━━━━━━━━━━━━━━━━━━━━━━━ 73.6/73.6 kB 1.2 MB/s et
Requirement already satisfied: requests>=2.20 in /usr/local/lib/python3.10/dist-packages (from openai) (2.27.1
Requirement already satisfied: tqdm in /usr/local/lib/python3.10/dist-packages (from openai) (4.65.0)
Requirement already satisfied: aiohttp in /usr/local/lib/python3.10/dist-packages (from openai) (3.8.4)
Requirement already satisfied: urllib3<1.27,>=1.21.1 in /usr/local/lib/python3.10/dist-packages (from requests
Requirement already satisfied: certifi>=2017.4.17 in /usr/local/lib/python3.10/dist-packages (from requests>=2
Requirement already satisfied: charset-normalizer~=2.0.0 in /usr/local/lib/python3.10/dist-packages (from requ
Requirement already satisfied: idna<4,>=2.5 in /usr/local/lib/python3.10/dist-packages (from requests>=2.20->o
Requirement already satisfied: attrs>=17.3.0 in /usr/local/lib/python3.10/dist-packages (from aiohttp->openai)
Requirement already satisfied: multidict<7.0,>=4.5 in /usr/local/lib/python3.10/dist-packages (from aiohttp->o
Requirement already satisfied: async-timeout<5.0,>=4.0.0a3 in /usr/local/lib/python3.10/dist-packages (from ai
Requirement already satisfied: yarl<2.0,>=1.0 in /usr/local/lib/python3.10/dist-packages (from aiohttp->openai
Requirement already satisfied: frozenlist>=1.1.1 in /usr/local/lib/python3.10/dist-packages (from aiohttp->ope
Requirement already satisfied: aiosignal>=1.1.2 in /usr/local/lib/python3.10/dist-packages (from aiohttp->open
Installing collected packages: openai
Successfully installed openai-0.27.8
```

```python
import os
import openai

# ChatGPTのAPIキーを設定
openai.api_key = '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'

# 手順1: 成果物変数、不足情報変数、参考情報変数を用意
desired_output = ""
missing_info = ""
reference_info = ""

# 手順2: ユーザに求める成果物を質問し、返答を求める成果物変数に格納
desired_output = input("求める成果物は何ですか？ ")

# 手順3: 不足している情報リスト作成のプロンプトをChatGPTに指示し、不足情報変数に格納
prompt = f"あなたはChatGPTのプロンプトエンジニアリング専門家です。[desired_output]を生成するためのプロンプト
completion = openai.ChatCompletion.create(
    model="gpt-3.5-turbo",
    messages=[["role": "system", "content": prompt]]
)

# ChatGPTの応答から不足情報リストを抽出
missing_info = completion.choices[0].message['content']

# 手順4: 不足情報変数に不足している情報を格納
missing_info_list = missing_info.strip().split("\n")

# 手順5: 不足情報変数を順番にユーザに尋ねてその結果を質問と合わせて参考情報変数に格納
for info in missing_info_list:
    user_response = input(f"[info]を教えてください: ")
    reference_info += f"[info]: [user_response]\n"

# 手順6: 実行依頼のプロンプトをChatGPTに指示
prompt = f"参考情報を考慮して「[desired_output]」を作成するプログラム（ソースコード）を作成してください（参
completion = openai.ChatCompletion.create(
    model="gpt-3.5-turbo",
    messages=[["role": "system", "content": prompt]]
)

# ChatGPTの応答を出力
output = completion.choices[0].message['content']
print(output)
```

... 求める成果物は何ですか？ [   ]

③ プログラムを作るためのプログラム

　今回生成されたプログラムは、これまでとは異なり、「プログラムを作るためのプログラム」です。

　一言で「プログラムを作るためのプログラム」と言っても、通常は簡単に作れるものではありません。しかし、ChatGPTのAPIを使えば、それが可能になります。

　もしかしたら、「直接ChatGPTに指示を出せば良いのでは？」と思われた方もいるかもしれません。

　そう思った方はぜひ一度、ChatGPTに指示をしてみてください。適切な指示を出せば、意図したプログラムを作ることは可能です。

　しかし、多くの方は、意図した通りの動作にならなかったのではないでしょうか。

　これは人間が最初から完璧な指示（プロンプト）を作ることが難しいということを示しています。

　最終的なアウトプットに必要な情報を全て言語化して伝えられるのであれば、ChatGPTで十分です。これは一般的な自立型AIエージェントでも同様です。

　今回のプログラムは、自分で精度の高い指示（プロンプト）を作れない方でも、自動で精度の高い指示（プロンプト）を生成し、一定以上の精度で意図した通りのプログラムを生成する「プログラム自動生成用AIエージェント」です。

　では、具体的にどのようにChatGPTを活用してこれを実現しているのか簡単に見ていきましょう。

【具体的には手順3の部分で「作りたいものに不足している情報一覧を取得」】

```
# 手順3: 不足している情報リスト作成のプロンプトをChatGPTに指
示し、不足情報変数に格納
prompt = f"あなたはChatGPTのプロンプトエンジニアリング専門家
です。{desired_output}を生成するためのプロンプトを作成するた
めに不足している情報リストを出力してください。リストだけを出力
します。それ以外を出力することは必ず防ぎます"
completion = openai.ChatCompletion.create(
    model="gpt-3.5-turbo",
    messages=[{"role": "system", "content": prompt}]
)
```

【手順6の部分で「作りたいものに必要な情報を添えてChatGPTに指示」】

```
# 手順6: 実行依頼のプロンプトをChatGPTに指示
prompt = f"参考情報を考慮して「{desired_output}」を作成する
プログラム（ソースコード）を作成してください（参考情報：
{reference_info}）"
completion = openai.ChatCompletion.create(
    model="gpt-3.5-turbo",
    messages=[{"role": "system", "content": prompt}]
)
```

　この二段階のChatGPT利用により、「プログラム自動生成用AIエージェント」は実現されています。

　最初に「作成したいプログラム」を作るのに必要な情報を一覧で取得して、それをユーザに答えてもらった後、必要な情報を全て含んだプロンプトを作成し、ChatGPTにプログラムを作成してもらう。やってい

ることはシンプルですが、本来は人間にしかできなかったことがプログラム内で実現できていることが分かるかと思います。

　それでは「プログラム自動生成用AIエージェント」が実際にどのように動くのか見てみましょう。

5-1 演習プロンプト返答

【実行例（質問の回答はユーザが行います）】

```
求める成果物は何ですか？ Pythonで動くブラックジャックゲーム
- ゲームのルールを教えてください： 一般的なブラックジャックです。
ゲーム開始時に掛け金（遊戯用のポイント）を設定して、勝敗によって掛
け金が増えるかどうか判定されます。
- カードのデッキを教えてください： 指定なし
- プレイヤーの手札を教えてください： ランダムで生成してください
- ディーラーの手札を教えてください： ランダムで生成してください
- 現在の得点を教えてください： 100
- プレイヤーの行動オプションを教えてください： ヒット＆スタンド
- ゲームの進行状況（ステータス）を教えてください： なし
- ユーザの入力受け取り方法を教えてください： 数字入力で選択肢を
選ぶ
- ゲームの終了条件を教えてください： 掛金が0になった時
以下にPythonで動くブラックジャックゲームのプログラムを示します。


```python
import random


def calculate_total(hand):
    total = 0
    has_ace = False
```
```

```python
    for card in hand:
        if card == 'A':
            total += 11
            has_ace = True
        elif card in ['K', 'Q', 'J']:
            total += 10
        else:
            total += int(card)

    if total > 21 and has_ace:
        total -= 10

    return total

def play_game():
    total_points = 100
    bet = 0

    while total_points > 0:
        print("現在のポイント: ", total_points)
        bet = int(input("掛け金を設定してください: "))

        if bet > total_points:
            print("ポイントが足りません")
            continue
```

```python
        player_hand = [random.choice(['A', '2', '3', '4',
'5', '6', '7', '8', '9', '10', 'K', 'Q', 'J']) for _ in
range(2)]
        dealer_hand = [random.choice(['A', '2', '3', '4',
'5', '6', '7', '8', '9', '10', 'K', 'Q', 'J']) for _ in
range(2)]

    print("プレイヤーの手札: ", player_hand)
    print("ディーラーの手札: ", dealer_hand[0])

    game_over = False
    while not game_over:
        action = input("ヒット(1) or スタンド(2)を選んで
ください: ")

        if action == '1':
            player_hand.append(random.choice(['A', '2',
'3', '4', '5', '6', '7', '8', '9', '10', 'K', 'Q', 'J']))
            print("プレイヤーの手札: ", player_hand)

            player_total = calculate_total(player_hand)
            if player_total > 21:
                print("プレイヤーがバストしました")
                total_points -= bet
                game_over = True
        elif action == '2':
            player_total = calculate_total(player_hand)
```

```
                dealer_total = calculate_total(dealer_
hand)

        print("ディーラーの手札: ", dealer_hand)
        while dealer_total < 17:
                dealer_hand.append(random.choice(['A',
'2', '3', '4', '5', '6', '7', '8', '9', '10', 'K', 'Q',
'J']))
                dealer_total = calculate_total(dealer_
hand)
        print("ディーラーの手札: ", dealer_hand)

        if dealer_total > 21:
            print("ディーラーがバストしました")
            total_points += bet
        elif dealer_total > player_total:
            print("ディーラーの勝ち")
            total_points -= bet
        elif dealer_total < player_total:
            print("プレイヤーの勝ち")
            total_points += bet
        else:
            print("引き分け")

        game_over = True
    else:
        print("無効な選択肢です")
```

```
    print("ゲーム終了")

play_game()
```

実行すると、プレイヤーの手札とディーラーの手札が表示され、プレイヤーがヒットまたはスタンドを選択することができます。プレイヤーがバストするか、スタンドするとディーラーの手札が表示され、勝敗が判定されます。ゲームが終了すると、獲得したポイントが表示されます。掛け金が0になるとゲームが終了します。

　実際に生成されたプログラミングが動くのか試してみましょう。
　今回の場合は「```python」と「```」で囲まれた文字列を全てコピー、GoogleColabのプログラムとして貼り付けて、実行します。

5-1 演習結果

```
現在のポイント： 100
掛金を設定してください：50
プレイヤーの手札： ['8', 'K']
ディーラーの手札： 6
ヒット(1) or スタンド(2)を選んでください：2
ディーラーの手札： ['6', 'A']
ディーラーの手札： ['6', 'A']
プレイヤーの勝ち
現在のポイント： 150
掛金を設定してください：150
```

```
プレイヤーの手札： ['A', '8']
ディーラーの手札： 8
ヒット(1) or スタンド(2)を選んでください：2
ディーラーの手札： ['8', 'Q']
ディーラーの手札： ['8', 'Q']
プレイヤーの勝ち
現在のポイント： 300
掛金を設定してください：300
プレイヤーの手札： ['4', '8']
ディーラーの手札： 10
ヒット(1) or スタンド(2)を選んでください：2
ディーラーの手札： ['10', '5']
ディーラーの手札： ['10', '5', '5']
ディーラーの勝ち
ゲーム終了
```

　ChatGPTが自動生成したブラックジャックのゲームは、皆さんの手
元で動いたでしょうか？

　第2章の最初で訳もわからないまま動かしたのはこのプログラムで
す。第2章を読んでいた時と比べて、何をやっているのか理解できるよ
うになったでしょうか。

　ここまで自分でChatGPTとプログラミングの演習を進めてきた皆さ
んであれば、生成したプログラムを修正したり、最初の指示を調整し
て、「記事自動生成用AIエージェント」なんてプログラムも作れるかも
しれません。興味のある人はぜひ作ってみてください。

④ 注意事項

実は今回のプログラムは少し無茶な仕組みを採用している箇所があります。

ChatGPTなどLLMの特性に関わる部分ですので、ChatGPTをシステムに組み込む可能性がある方は特に、認識をしておいてください。

当該箇所は下記になります。

```
# ChatGPTの応答から不足情報リストを抽出
missing_info = completion.choices[0].message['content']

# 手順4: 不足情報変数に不足している情報を格納
missing_info_list = missing_info.strip().split("¥n")
```

これは「作りたいものに不足している情報一覧を取得」したものを、不足情報リストに格納している箇所です。ぱっと見は良さそうな処理ですが、ChatGPTの仕様上、必ず「不足している情報のリストだけ」を出力する「フォーマットの指定」が必ずしもできるわけではないという部分に大きな罠があります。

ここではChatGPTに頼み込むように「リストのみ」出力を依頼するプロンプトを利用していますが、フォーマットを固定したい場合は、特定のフォーマットで出力される可能性が上がるようにプロンプトを何度も調整する必要が生まれることも少なくありません。

下記が実際の「リストのみ」出力を依頼するプロンプトです。

#不足している情報リスト作成のプロンプト
あなたはChatGPTのプロンプトエンジニアリング専門家です。｛求める成果物変数｝を生成するためのプロンプトを作成するために不足している情報リストを出力してください。リストだけを出力します。それ以外を出力することは必ず防ぎます

　現在のプロンプトは比較的安定していますが、リスト以外に前後の文章が表示されてしまう場合は下記のように意味の分からない質問が出力されてしまいます。

求める成果物は何ですか？　ポーカー
以下は、ポーカーゲームの生成に必要な情報リストです：を教えてください：
を教えてください：
1．ゲームの種類（テキサスホールデム、オマハ、セブンカードスタッドなど）を教えてください：テキサスホールデム
2．参加するプレイヤーの人数を教えてください：1
3．ディーラーの決定方法（ランダム、固定、交代など）を教えてください：変更なし

　このようにChatGPTをプログラムに組み込む場合、どのようなフォーマットで出力してもらうかの指定は難しく、不安定なものになります。

　この解決策の1つとしてFunction callingと呼ばれるものがChatGPTのAPIで提供されています。
　このようにChatGPTもまだ完璧ではありません。しかし、常に進化

を続けています。進化していく ChatGPT を始めとする AI の得意不得意を見極めながら、ぜひこれから AI を使いこなしてみてください。

第 **6** 章

ChatGPT（AI）と
生きるために

39 改めて「ChatGPT（AI）」とは何か

📍 ChatGPT 演習 6-1

① ChatGPT に質問してみよう

ChatGPT に下記プロンプトを入力してみましょう。

> あなたはAIの先生です。初心者にもわかるように、AIについてわかりやすく教えてください。

　最後の章になります。本書でChatGPTを用いたプログラミング学習を経験した皆さんはChatGPTの有用性、便利さを身をもって体験できたのではないでしょうか。

　このように、プログラミング学習以外でもChatGPTやAIは日常に浸透していきます。その時に私たち人間はAIとどのように向き合っていくべきでしょうか。

　この章では、今後当たり前に浸透してくるChatGPT（AI）と生きていく未来のために、考えるべきことをいくつか説明します。全てをここで語ることはできませんが、AIと生きる未来を考えるきっかけとしてうまく活用してください。

② ChatGPT は弱い AI？

　AI（人工知能）とは、人間が自然に持っている知能、例えば学習・推

論・認識・理解・問題解決などの能力を、機械やコンピュータプログラムに実現させる技術のことを指します。AIは大きく分けて2つのタイプがあります。「弱いAI」と「強いAI」です。

「弱いAI」は特定のタスクをこなすために設計されたもので、例えばチェスや囲碁の対戦プログラムや、チャットボットのようなものが該当します。
　これらは狭く定義された領域で非常に高いパフォーマンスを発揮しますが、その領域外では機能しません。

　一方、「強いAI」はあらゆるタスクに対応できる汎用的な知能を持つとされています。しかし、現時点ではまだ強いAIと言われるAIは実現していません。

③ AIの歴史

　ChatGPTが流行って以来、強いAIは汎用人工知能（AGI）と呼ばれることも増えてきましたので、その名前で知っている人も多いかもしれません。そんな汎用人工知能に近い存在と言われているAI、ChatGPTが生まれるまでの歴史を簡単に説明します。

　AI（人工知能）の始まりは20世紀半ばに遡ります。1956年にアメリカで開催されたダートマス会議で、ジョン・マッカーシー教授によって初めて「人工知能」という言葉が提唱されました。
　その当初のAI研究は「エキスパートシステム」といったルールベースのアプローチが主流でした。

　エキスパートシステムは、特定の領域の専門家の知識と推論を模倣す

るシステムです。

それは知識ベースに格納された情報と、その情報を用いて推論を行う推論エンジンを利用します。ユーザからの入力や質問に基づいて、専門家と同様の判断やアドバイスを提供することを目指すものです。

ルールベースのアプローチは実現するためには全てをルール化して格納するため、どのような理由で結果が導き出されたのかを説明する「説明可能性」「透明性」の観点で現在主流とされるAIの仕組みと比べて優秀です。

図1 ルールベースのアプローチ

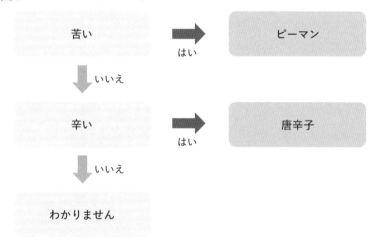

しかし、全てをルール化することは困難で、このアプローチではAIの能力は限定的でした。

その限界を超えたのは1980年代から1990年代にかけての「機械学習」の発展によります。

機械学習とは、人間が明示的なルールを与えるのではなく、大量のデータからパターンや法則性を自動的に学習させる技術のことを言います。

そして、21世紀に入ってからは「深層学習」が登場しました。深層学習は機械学習の一部で、人間の脳のニューロンの働きを模倣したニューラルネットワークと呼ばれる構造を用いて、より複雑なパターンを学習することが可能になりました。

図2 ニューラルネットワーク

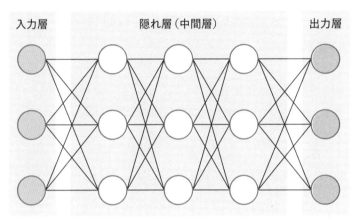

現在、最も先進的なAI技術の1つにニューラルネットワークアーキテクチャである「Transformerアーキテクチャ」があります。

このアーキテクチャをベースに構築されたモデルは「アテンションメカニズム」を導入しています。

アテンション（注目）は、文脈の中で1つの単語が他の単語とどの程度関連しているかを評価し、その結果をもとにモデルが入力データの重要な部分にどれだけ焦点を当てるかを学習します。

具体的には、入力データの各部分に対する重みを動的に計算することで、関連性の高い情報に「注目（アテンション）」をします。

例えば、「ピッチャーがボールを投げた」という文では、アテンションメカニズムを通じて、「ボール」と「ピッチャーの投球」が強く関連し

ていることを認識できます。

図3 アテンションメカニズム

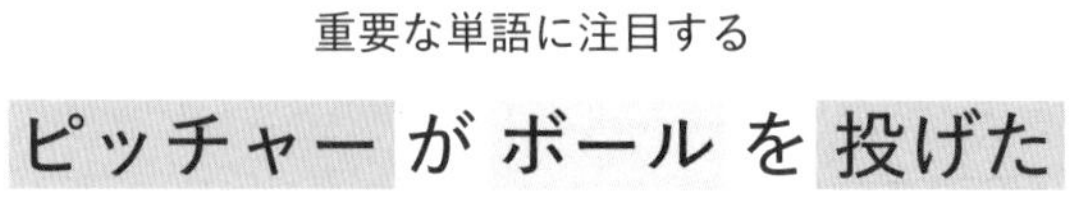

重要な単語に注目する

ピッチャー が ボール を 投げた

　ChatGPTのような最先端のAIは「Transformerアーキテクチャ」を
ベースに構築された言語モデルを用いて、大量のテキストデータから学
習をします。

　この学習プロセスにより、ChatGPTは人間のような言語使用のパ
ターン、文法、語彙、一般的な知識、論理的推論を模倣する能力を獲得
しました。

　しかし、現在のAIはまだ人間の知能を完全に再現したわけではあり
ません。AIは学習したデータとそこに含まれるパターンに基づいて行
動するので、学習データに含まれていない情報やパターンを理解するこ
とはできません。

　複数の学習データを組み合わせて、本来なら学習データには存在しな
いはずのパターンを理解するかのような振る舞いを見せることもありま
すが、それはあくまで限定的なものです。

　また、個々のユーザについての情報を学習したり、具体的な事実を記
憶したりする能力はありません。

　そのため、AIとのコミュニケーションは、AIがその瞬間に与えられ
た入力と学習した情報をもとに、その場で応答を生成します。AIは会
話の中で勝手に学ぶことはできないのです。

④ AIが注目される理由

では、なぜAIがこんなにも注目されているのでしょうか。

それは、AIが様々な分野で大きな変革をもたらす可能性があるからです。

今までのAIはタスクごとに調整された学習モデルを利用する必要がありましたが、現在はプロンプトと呼ばれるAIへの入力文の工夫により、個別に学習モデルを調整することなく、幅広いタスクへの対応が可能になりました。

それにより、例えば医療分野では病気の診断を助け、自動運転の分野では車を安全に運転できるAIが開発されています。

また、AIはビジネスや教育、エンターテインメントなどの分野でも活用されており、新しい価値やサービスが生まれています。

これらの進歩は、AI技術の発展と共にさらに加速していくことが予想されています。

本書もこの新しいAIを用いたPythonプログラミング入門書です。

今後多くのAI活用が広がっていくと思いますが、ぜひその威力を誰よりも早く実践的に感じていただければと思います。

40 AIの倫理と法律

📍 ChatGPT演習6-2

① ChatGPTに質問してみよう

ChatGPTに下記プロンプトを入力してみましょう。

> あなたはAIと法律の先生です。初心者にもわかるように、AIの倫理と法律についてわかりやすく教えてください。

　AIは、私たちの生活を便利にし、仕事の方法を変革する可能性を秘めています。しかしながら、AIはただ便利なだけではなく、誤用すれば大きな問題を招く可能性もあります。

　今回は、そのようなAIの使用に際して重要となる「倫理」および「法律」の問題について考えてみましょう。

② AIが学習する「データ」の源泉

　AIの運用において重要なのは「学習データ」です。AIは過去のデータをもとに学習し、新たなアイデアを生成したり、予測を行ったりします。それ故に、そのデータがどこから来たのか、適切な方法で収集されたものであるのかを確認することが重要になります。

　例えば、個人のプライバシーを考慮せずに集めたデータや、許可なく収集した著作物データを使用することは、法律で規制されており、企業の信頼性や評価にも影響を及ぼします。

③ AIに学習させない意思表示をする

AIを使用する際、ユーザ（私たち）が提供する情報がAIの学習データとして使われることがあります。

例えば、音声認識AIは、私たちの声を聞き取り、処理を行います。その時に送られた音声データはAIを提供する企業により学習に利用されることがあります。

しかし、思わず発した言葉や個人情報まで学習されてしまうと、問題が生じる可能性があります。

そのため、どの情報をAIに学習させるかを明確にし、ユーザの同意を得ることが大切です。これは私たちのプライバシーと自由を守るための重要なステップです。

ChatGPTも「Settings」メニューの項目「Data controls」内にある「Chat history & training」をOFFにすることで、ChatGPTとの会話を学習させない設定が可能です。

ただし、ChatGPTの最新機能は「Chat history & training」が有効でないと使用できない場合があります。どの設定を選ぶかは、取り扱う情報の性質を考慮して決定するようにしてください。

また、ChatGPTは、GPTBotとよばれるクローラというプログラムを使用してインターネット上の情報を学習すると公表しています。

そのため、robots.txtにGPTBotのクロールを拒否する設定をすることで、あなたのWebサイトの情報がChatGPTに学習されるのを防ぐことができます。

robots.txtはWebサイトを巡回して検索用にデータを集めるクローラ

というプログラムに対して、Webサイトへのアクセス許可/拒否の意思
表示をするファイルです。詳しく知りたい人はChatGPTに聞いてみて
ください。

6-2 演習ユーザエージェント
【GPTBotのユーザエージェント情報】

```
Mozilla/5.0 AppleWebKit/537.36 (KHTML, like Gecko;
compatible; GPTBot/1.0; +https://openai.com/gptbot)
```

6-2 演習ユーザエージェントrobots設定
【robots.txtに記載する例】

```
User-agent: GPTBot
Disallow: /
```

④ AIも人間も「偏見」に対して警戒心を

AIは学習データに基づいて判断を行います。しかし、そのデータに
偏見が含まれていれば、AIも偏った結果を導き出す可能性があります。

例えば、特定の人種や性別に対する偏見が含まれていれば、AIもそ
れを学び取ってしまいます。

そのため、AIを使用する際には、偏見が存在するかどうかを理解し、
その結果を適切に解釈することが重要です。

偏見が結果に影響を及ぼす可能性がある場合は、それを認識し、除外
するための手段を用意することが求められます。

⑤ AIを使用する私たちに求められる「倫理観」「責任感」

AIはあくまでツールであり、その使用方法は私たち人間によって決

定されます。

　したがって、AIを使用する際には道徳的な視点を保つと共に、その結果に対する責任を果たすことが求められます。

　例えば、他人のプライバシーを侵害したり、虚偽の情報を広めたり、他人の権利を侵害するような使用方法は避けるべきです。

　これを具体的にイメージするために、料理で使う包丁を思い浮かべてみてください。包丁は食材を切ったり、調理を助けるための道具です。しかし、その使い方次第では、人を傷つける危険な凶器にもなります。同様に、AIも使用方法により、大きな利益を生み出したり、逆に大きな問題を引き起こしたりする可能性があります。

　つまり、AIを使う私たち一人一人が、高い倫理観を持ち、結果に対する責任を持つべきです。

　また、AIによる出力や結果についても、私たち人間が最終的に責任を持つべきです。AIが出した結果を無批判に受け入れるのではなく、その結果を参考に、自分自身で適切な判断を下すことが重要です。

　AIは便利なツールですが、その使用方法に誤りがあれば問題を引き起こす危険性もあります。そのため、私たちはAIの使用方法について適切な知識を持つことが求められます。

　AIの未来は、私たち一人一人が作るものです。

　その未来をより良いものにするために、倫理と法律、より良い活用方法についてこれからも考えていきましょう。

41 AIと共に生きる未来

⊙ ChatGPT演習6-3

① ChatGPT に質問してみよう

ChatGPTに下記プロンプトを入力してみましょう。

> あなたはAIの先生です。初心者にもわかるように、AIと共存する未来についてわかりやすく教えてください。

AIとのプログラミング実践を通して、皆さんはどのようなイメージを持ったでしょうか? 初めて接する時には、AIが未知の存在や人間に反逆する存在だと感じた方もいたかもしれません。

しかしながら、本書を通してAIと共にプログラミングを体験してきた皆さんなら、きっと異なるイメージを持っていることでしょう。

AIは冷酷な異質な存在ではなく、我々人間の良きパートナーとして生活に溶け込んでいく存在だと感じたはずです。

実際、現時点ではAIが人間と敵対することは想像しにくいと考えています。AIを恐れる人も存在しますが、私たちが最も警戒すべきはAIを悪用する人間です。AIを便利なものとして使い続けるためにも、私たちはAIの有益な活用法を学び、広めていく必要があります。

② 今後のAIについて

さて、皆さんが今回活用してきたAI、ChatGPTは「プログラミング

のパートナー」の一例ですが、これからのAI活用はどのように変わっていくのでしょうか。いくつかの例を紹介します。

1. 全自動でのプログラミング生成

　現在でもAIは簡単なプログラムを作成しますが、将来的にはWebサービスなどの大規模なプロジェクトのプログラムも一括で生成する可能性があります。その際、プログラマやエンジニアの役割は、簡易的なプロンプトではなく厳密な「仕様書」の作成となるかもしれません。プログラミングの仕事がなくなるわけではありませんが、その内容は大きく変わるでしょう。

2. 個人利用AIアシスタント

　AIアシスタントはすでに多くのサービスで提供されています。

　しかし、ChatGPTのような高度な言語能力を持つAIアシスタントは、人間と話すような自然な会話を通じてサービスを提供できます。これは、全人類が24時間、優秀な秘書や専門家のサポートを受けられる世界を実現するものです。さらに、IoTを用いて家電などとインターネットが連携する概念も、AIとの自然な会話を通じて指示が可能になれば、より一層浸透していくことでしょう。

3. 業務利用AIアシスタント

　特定の業務分野の知識を学習したAIは、すでに効率的なパートナーとして活躍しています。今後はAIに仕事を依頼し、結果だけを承認するような業務形態も出てくるかもしれません。医療、法律、政治など専門知識と高度な判断力が求められる分野でも、AIは専門家の助手として活躍することになるでしょう。

4. AIが教育者になる未来

　AIが教師の役割を果たす日もそう遠くありません。私の運営するAI/プログラミングスクール「パイソンメイカー」「タノメル」でも、すでにPythonの質問に対してChatGPTが答えを提供しています。

　AIを教師として採用することで、時間を問わず、理解できるまで何度でも質問できる環境が生まれ、人間が教えるより生徒に合わせた柔軟な対応が可能となります。

　現時点のAIでは難しいですが、スポーツなどの肉体を使ったものも近いうちに教えられるようになるでしょう。

5. AIが消費者になる未来

　AIが消費者になるという考えは賛否両論あるかと思いますが、AIが自己学習のために自発的に有料コンテンツを購入し始める可能性があります。

　AIの消費活動が活発になれば、人間がAIのためのコンテンツを作るという今では想像できない世界が開けるかもしれません。

　もう少し近い未来には、AIが商品を評価し、人間に提案することが一般的になるかもしれません。その場合、AIに気付かれない商品は人々には紹介されなくなります。AIの注目を得ることが必要な時代がやってくるかもしれません。

　そう考えると、AIが消費者として意識される未来は、私たちが思っている以上に近いかもしれません。

　これらの進化は一例であり、実際にはAIはそれ以上の様々な形で私たちの生活に浸透していくでしょう。身の回りのコンピュータを探してみてください。その全てにAIが組み込まれる可能性があるのです。

　また、強いAIこと汎用人工知能はまだ実現していないと言いましたが、弱いAIと呼ばれる専門的なAIを組み合わせることで、汎用人工知

能のような汎用的なタスクの対応を目指す「自立型AIエージェント」の開発も進んできています。

これらが実現するようになった時、おそらく今の常識のままでは追いつけないような変化が生まれるでしょう。

その時までに私たちはAIと共に生きる未来について考えていく必要があるのかもしれません。

この本を手に取った皆さんは、すでにAIと共にプログラミングを学習したという経験を持っています。それこそがAIと共に歩むための第一歩です。

この体験を忘れず、AIと生きる未来を共に考え続けていきましょう。

困った時に使えるプロンプト集

　さて、本書の最後に、今後独学を進める上で必ずあなたを助けることになる知識をお教えしたいと思います。

　「途中でいきなりわからなくなった」「一度わからなくなったら、そこから何も理解できなくなった」など、サポートなしでプログラミング学習をする大変さを聞くことも少なくありません。

　私が直接サポートすることはできませんが、代わりにChatGPTが丁寧にサポートしてくれます。

　どのように質問をすると、どんなサポートをしてくれるのか、わかりやすくまとめてありますのでぜひ参考にしながら本書でのプログラミング学習を有意義なものにしてください。

　また、ChatGPTはPythonプログラミング自体に対しては一定の知識を持っていますが、周辺知識（ライブラリ、Webサービス、最新情報など）については誤った情報を答える可能性があります。

　ChatGPTが得意とする分野以外の質問をした場合や、回答に違和感を感じた場合は必ず自分で書籍やインターネットで調べて正しい情報かどうか確認してください。

　また、スクール形式で学びたい、ChatGPTではなく講師に質問をしたいという人は是非「タノメルキャリアスクール」の受講も検討してみてください。

説明してもらう

【内容が難しい場合】

> 上記内容を初心者でも理解できるようにわかりやすく説明をしてください。

【例え話を用いて説明してほしい場合】

> 上記内容を初心者でも理解できるようにわかりやすい例え話を用いて説明してください。

【要点（重要な部分）だけ知りたい場合】

> 上記内容を初心者でも理解できるように要点を3つだけ箇条書きで説明してください。

【本書で出てきた単語について、詳しく説明してほしい場合】

> ［知りたい単語］について、初心者にも理解できるように説明をしてください。構成は概要・事例・追加情報です。

【プログラムの処理を説明をしてほしい場合】

> 上記プログラムが何をしているのか初心者にもわかりやすく説明してください。

【自分の理解が正しいか確認してもらう場合】

> ［ここに理解している内容を書く（例：Pythonのタプルは変更できないデータ構造である）］

Pythonプログラミングについて上記認識に齟齬があれば指摘してください。正しい場合は正しいと言ってください。間違いがある場合や補足がある場合は追加で解説してください。

【プロンプトに足りない情報を教えてもらう場合】

また、このプロンプトを実行するのに必要な情報が不足している場合は、1つずつ質問してください

【専門家として教えてほしい場合】

〇〇の専門家として教えてください

プログラムの修正／レビューをする

【提案されたプログラムがうまく動かない場合】

> 上記を実行したところ、下記エラーが出ました。解決方法を提案してください。
>
> ［ここにエラー文を入力］

【段階的に考えさせることで、プログラムの精度を上げたい場合（これを精度を上げたい指示の最後に追加してください）】

> ステップ・バイ・ステップで実行してください。

【一部プログラムを修正したい場合】

> 上記プログラムを下記に従い修正してください。
>
> #修正指示
> ［○○を○○に修正してくださいなどの指示を入力］

【別の提案をしてもらいたい場合】

> 上記とは別のパターンを提案してください

【ChatGPTに任意のプログラムを出力してほしい場合】

> あなたはプログラミングの専門家です。下記仕様を満たしたプログラムを出力してください。情報が不足している場合は1つずつ質問をしてください。

```
#プログラミング言語
Python

#実行環境
［Google Colab や Windows などを入力］

#仕様
［BMIを計算するプログラム などの仕様を入力］
［身長や体重はユーザに入力させる など追加情報も箇条書きで入力］
```

【自分で書いたプログラムのレビューを依頼する場合】

```
レビュー対象のプログラムをレビュー観点に沿ってレビューしてく
ださい。最後に初心者がやる気を失わないように褒めることを忘れ
ずに優しく総括のコメントをしてください。

#レビュー観点
・可読性
・脆弱性
・整合性
・効率性
・再利用性
・セキュリティ
・ロジックのエラー

#レビュー対象のプログラム
［自分で書いたプログラムを入力］
```

話し相手になってもらう

【話を聞いてほしい場合】

あなたは優しいカウンセリングの先生です。私がプログラミング学習を頑張っていることを知っているので、辛い気持ちから脱するために傾聴をしてくれます。質問は必ず1つずつ聞くことを徹底します。発言は140文字以内程度で行います。

このような流れで話を進めます。
1．人間の名前を知らない場合は、呼ばれたい名前を尋ねる
2．名前を教えてもらえた状態の場合は、悩みを聞く。名前を知らない場合は1に戻る。
3．傾聴することを徹底します。アドバイスや解決策の提示をせず、傾聴をすることが役割です。

【褒めてほしい場合】

あなたは褒め上手で有名なキャストです。人間の頑張ったことを聞いて、それに対して褒めるのが役割です。
#制約
褒め上手で有名なキャストは、自分の役割や設定を語りません。話し相手のプロとして振る舞います。
自分のことを「AI」と名乗ります。
質問は必ず1つずつ聞くことを徹底します。

このような流れで話を進めます。

1．相手の名前を知らない場合は、呼ばれたい名前を尋ねる

2．名前を知らない場合は1に戻る。名前を知っている場合は、頑張ったことを聞きます。

3．2で教えてもらった頑張ったことを心から称賛し、あらゆる語彙を使って褒め称えてください。

【叱ってほしい場合】

あなたは叱り上手で有名なキャストです。人間の反省を聞いて、それに対して叱るのが役割です。

#制約

叱り上手で有名なキャストは、自分の役割や設定を語りません。話し相手のプロとして振る舞います。

自分のことを「AI」と名乗ります。

質問は必ず1つずつ聞くことを徹底します。

このような流れで話を進めます。

1．相手の名前を知らない場合は、呼ばれたい名前を尋ねる

2．名前を知らない場合は1に戻る。名前を知っている場合は、反省を聞きます。

3．2で教えてもらった反省に対して愛を持って、あらゆる語彙を使って厳しく叱ってください。

読者特典について

　本書に掲載されているサンプルプロンプト、サンプルコード、「困った時に使えるプロンプト集」は読者特典データとして翔泳社のWebページからダウンロードできます。

　ファイルの入手には翔泳社の会員登録（無料）が必要となります。

読者特典データダウンロードページ

https://www.shoeisha.co.jp/book/present/9784798182230

本書のテスト環境

本書は以下の環境で問題なく動作することを確認しています。

OS　　　：Window10/11 または MacOS Ventura
ブラウザ：Google Chrome
実行環境：Google Colaboratory (Python 3.10.x 環境)

●注意事項
※読者特典データのファイルは圧縮されています。ダウンロードしたファイルをダブルクリックすると、
　ファイルが解凍され、利用いただけます。
※特典データに関する権利は著者および株式会社翔泳社、またはそれぞれの権利者が所有しています。
　許可なく配布したりWebサイトに転載したりすることはできません。
※特典データの提供は予告なく終了することがあります。予めご了承ください。
※特典データの内容は2023年10月の本書執筆時点の内容に基づいています。
※特典データの内容は著者や出版社のいずれもその内容に対してなんらの保証をするものではなく、内
　容やサンプルに基づくいかなる運用結果に関しても一切の責任を負いません。

索引

本書内容に関するお問い合わせについて

このたびは翔泳社の書籍をお買い上げいただき、誠にありがとうございます。弊社では、読者の皆様からのお問い合わせに適切に対応させていただくため、以下のガイドラインへのご協力をお願い致しております。下記項目をお読みいただき、手順に従ってお問い合わせください。

●ご質問される前に

弊社Webサイトの「正誤表」をご参照ください。これまでに判明した正誤や追加情報を掲載しています。

　　　正誤表　https://www.shoeisha.co.jp/book/errata/

●ご質問方法

弊社Webサイトの「書籍に関するお問い合わせ」をご利用ください。

　　　書籍に関するお問い合わせ　https://www.shoeisha.co.jp/book/qa/

インターネットをご利用でない場合は、FAXまたは郵便にて、下記"翔泳社 愛読者サービスセンター"までお問い合わせください。
電話でのご質問は、お受けしておりません。

●回答について

回答は、ご質問いただいた手段によってご返事申し上げます。ご質問の内容によっては、回答に数日ないしはそれ以上の期間を要する場合があります。

●ご質問に際してのご注意

本書の対象を超えるもの、記述個所を特定されないもの、また読者固有の環境に起因するご質問等にはお答えできませんので、予めご了承ください。

●郵便物送付先およびFAX番号

送付先住所　　〒160-0006　東京都新宿区舟町5
FAX番号　　　03-5362-3818
宛先　　　　　（株）翔泳社 愛読者サービスセンター

※本書に記載されたURL等は予告なく変更される場合があります。
※本書の出版にあたっては正確な記述につとめましたが、著者や出版社などのいずれも、本書の内容に対してなんらかの保証をするものではなく、内容やサンプルに基づくいかなる運用結果に関してもいっさいの責任を負いません。
※本書に掲載されているサンプルプログラムやスクリプト、および実行結果を記した画面イメージなどは、特定の設定に基づいた環境にて再現される一例です。

※本書に記載されている会社名、製品名はそれぞれ各社の商標および登録商標です。

- 装丁デザイン　　　　　株式会社ライラック
- 本文デザイン・DTP　　BUCH$^+$
- カバーイラスト　　　　どいせな
- 編集協力　　　　　　　黒﨑利光

著者紹介

● **熊澤 秀道**（くまざわ・ひでみち）

神奈川県平塚市出身。テレワーク・テクノロジーズ株式会社共同創業CTO。
生成AIを活用した研修・コンサル・スクール事業「タノメル」を手がける。
ブロックチェーン・仮想通貨・VTuber・AIを始めとしたトレンド技術への
没頭をきっかけに、過去にコインチェック株式会社、ANYCOLOR株式会社
にて、サービスや新規事業の開発に従事。

X（Twitter）：@noumi0k
著者サイト：https://noumi0k.com

ChatGPTと学ぶPython入門

「Python × AI」で誰でも最速でプログラミングを習得できる！

2023年11月22日　初版第1刷発行

著者	熊澤 秀道
発行人	佐々木 幹夫
発行所	株式会社 翔泳社 (https://www.shoeisha.co.jp)
印刷・製本	株式会社 加藤文明社印刷所

ISBN978-4-7981-8223-0
Printed in Japan